中国蜜蜂资源与利用丛书

蜜蜂病虫敌害防控技术

Technology for Prevention & Control of
Honeybee Diseases & Pests

房　宇　编著

中原农民出版社
·郑州·

图书在版编目（CIP）数据

蜜蜂病虫敌害防控技术 / 房宇编著 . —郑州：中原农民出版社，2018.9
（中国蜜蜂资源与利用丛书）
ISBN 978-7-5542-1990-4

Ⅰ . ①蜜… Ⅱ . ①房… Ⅲ . ①蜜蜂饲养 – 病虫害防治 Ⅳ . ① S895

中国版本图书馆 CIP 数据核字（2018）第 191924 号

蜜蜂病虫敌害防控技术

出 版 人　刘宏伟
总 编 审　汪大凯

策划编辑　朱相师
责任编辑　张晓冰
责任校对　肖攀锋
装帧设计　薛　莲

出版发行　中原出版传媒集团　中原农民出版社
　　　　　　（郑州市经五路66号　邮编：450002）
电　　话　0371-65788655
制　　作　河南海燕彩色制作有限公司
印　　刷　北京汇林印务有限公司
开　　本　710mm×1010mm　1/16
印　　张　9
字　　数　98千字
版　　次　2018年12月第1版
印　　次　2018年12月第1次印刷

书　　号　978-7-5542-1990-4
定　　价　68.00元

前 言
Introduction

本书主要介绍了蜜蜂病虫敌害防治的思路和方法，较详细地介绍了蜜蜂病害与敌害的种类及具体的防治措施。内容包括：蜜蜂病虫敌害的综合防治策略、蜜蜂病害、蜜蜂敌害、蜜蜂中毒以及蜜蜂检疫等。本书内容丰富，技术实用，适合广大蜂农、蜂产品生产和经销者以及从事蜜蜂病害与敌害防治的技术人员阅读。

本书的编写得到国家现代蜂产业技术体系（CARS-44-KXJ14）和中国农业科学院科技创新工程项目（CAAS-ASTIP-2015-IAR）的大力支持。

由于水平有限，书内疏漏、欠妥之处在所难免，恳请专家、读者不吝赐教。另外，在本书编写过程中引用了一些宝贵照片，在此表示感谢。

编者

2018 年 5 月

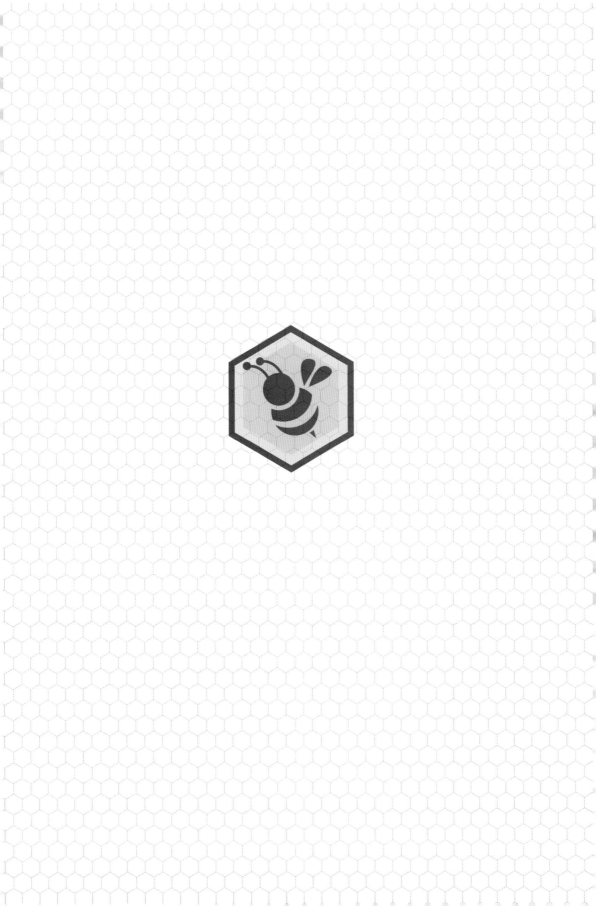

目 录
Contents

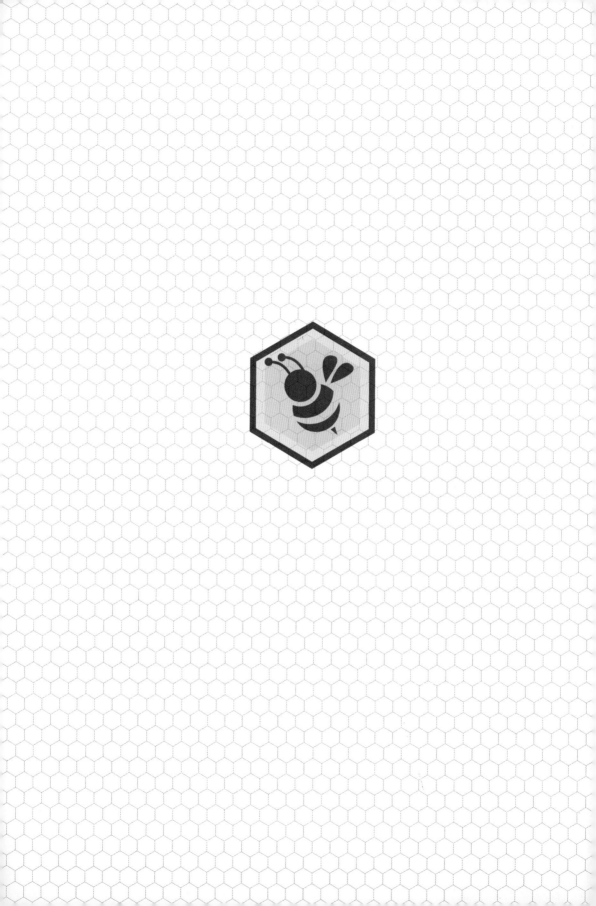

专题一

蜜蜂病虫敌害的综合防治策略

在蜜蜂病虫敌害的防治上必须坚持"预防为主，治疗为辅"的原则，保证蜂场养殖环境的卫生清洁，为蜜蜂病虫敌害防控营造良好的外部环境；选择抗病新品种进行饲养，减少蜜蜂病害侵入的概率；加强饲养管理，控制细菌滋生和蔓延；做好蜜蜂的检疫监督工作，严禁引进病蜂；探寻新技术，利用生物技术进行疾病防治；发挥药物预防和治疗的作用，避免滥用、超量使用，从而达到蜂群无病虫敌害或减少病虫敌害的目的，以保证无公害蜂产品的品质优良和安全卫生。

一、蜜蜂保健

（一）饲养管理

饲养管理技术是蜜蜂饲养过程中非常重要的内容，蜂群管理的好坏直接影响到蜂群的健康和效益。管理的一个根本原则是要依据蜜蜂的生物学规律来实施管理措施。科学的饲养管理技术，可以使蜜蜂个体、群体发育良好，提高蜜蜂的抗病能力，减少病虫敌害发生所造成的损失。不当的管理措施不仅达不到增产增收的目的，反而使蜂群的抗病力下降，病原有可乘之机，蜜蜂患病率增高，生产能力下降，影响养蜂的效益。

1. 饲养强群

蜂群强盛不仅是饲养管理上所要求的，也是符合蜜蜂保健目的的。强群蜂多子旺，采集力和繁殖力都很强，生产力也强，同时在保护蜂群免受病虫敌害侵袭方面也有很多的好处。如春季繁殖（春繁）时，气温低，而且时常有寒流侵袭，如果蜂群群势弱小，无力为子脾提供足够的温度，则蜂子易受冻，易诱发各种幼虫病；而强群则不易出现冻害，因而抗病力的表现也较弱群好。有一些病虫敌害，在发生初期，病虫数量有限，强群蜂多，清理能力也比弱群强，因此可以及时清理掉病虫，减少病原数量，降低病虫敌害的发生概率。当病害已发生时，强群经治疗后，可以得到较快的恢复，而弱群则花费的时间较长，且可能因此而贻误了生产季节。因此在许多病害的预防中，强群有着明显的抗病优势。

饲养强群的方法

保持蜂脾相称，加强蜂群管理：早春蜂群应注意保温，夏季应重视降温。除了蜂巢外部人为保温、降温措施外，还应保持子脾上蜜蜂的适当密度，并根据外界温度高低，调整蜂路。

淘汰老脾，多造新脾：巢脾是蜜蜂繁育场所，也是储蜜场所，同时是病原载体，及时淘汰病群巢脾、老脾能有效减少病原传播。

2. 充足优质饲料

蜂群的生存和发展都需要消耗大量的饲料：花粉和蜂蜜。这两种主要的蜂粮提供给蜜蜂的不仅仅是蛋白质和碳水化合物，还包括维生素、微量元素、矿物质、激素等有机体生长发育所需要的各方面营养。当蜂群缺乏饲料时，成年蜂及蜂子处于饥饿状态下，正常的生理机制被破坏，抵抗力降低，病原就容易侵入体内。因此生产中应注意给蜂群充足的饲料，特别是在早春繁殖时，蜂群繁殖和保温都需要消耗许多饲料，应及时供给。在缺蜜季节，补喂蜂蜜或糖浆；在缺粉季节，补喂花粉或代用饲料，以提高蜜蜂群体质量和抗病力。

饲料的好坏对蜂群的安全生产有很大影响，如有些蜜蜂的大肚、下痢就是由于不良的饲料造成的；而受病原菌污染的饲料危害性更大，它们是许多病毒病、细菌病、真菌病、原虫病病害传播的重要媒介。因此在蜂群饲喂前，要先弄清楚所喂的饲料有无病原物或其他性质的污染，特别是饲喂花粉时要特别注意。由于蜂农一般对所购花粉的带菌状况并不了解，因此，为安全起见，不明来源的花粉应做简单消毒处理后再饲喂，以保证蜂群的健康；或先对个别的蜂群进行试喂，仔细观察有无病害发生，确信不带病原菌时，再大面积使用，避免大的损失。

3. 培养优质的蜂王

优质的蜂王是培养强群的重要因素之一。一个好的蜂王应该产卵力强，抗病力也强。新蜂王一般带病菌的机会较少，在养蜂生产中常用新王换老王的方法来控制病毒、病害。如囊状幼虫病通过换王处理后，能保证 1 ~ 2 子代不发病或仅少数幼虫发病。同时，换王也是生产中维持蜂群强盛的需要。

（二）抗病育种

不同种的蜜蜂抗病性不同，同种的蜜蜂之间也有不同的抗病表现，而且许多抗病性是可遗传的，这就是蜜蜂抗病选育的基础。在生产过程中，养蜂者应注重选择抗病力强、繁殖力强、生产性能好的蜂群来培育蜂王；不能只注重生产能力而不注重抗病能力的选育，当然，也不能单纯追求抗病性而忽视其他性状，如温驯性、气候适应性等。不少养蜂者经长期的选育，已获得对某些病害具有明显抗性的蜂群。除了常规的育种方法外，运用基因工程技术也已成为抗病育种的研究热点和重要技术手段。随着基因工程技术的进一步成熟和广泛应用，蜜蜂的抗病育种也将会从中受益。

（三）蜂场卫生

搞好蜂场的环境卫生也是蜜蜂病虫敌害预防工作的一个方面。由于不卫生的环境往往是病菌的发源地，因此蜂场在选址时就要注意选择无不良环境的地方，及时填平蜂场边的污水坑，以防蜜蜂去采水，并在蜂场中设饲水器。清除蜂箱前和蜂场周围的杂草、脏物和蜂尸，可以有效减少蚂蚁等敌害的滋生，并可减少传染源。当有传染性病害发生时，要做好蜂箱、蜂具的消毒，蜂场场地也要做好消毒工作。

二、蜂病预防

任何蜜蜂病害的发生都会造成一定的蜂群损失，而一些危险性病害的暴发与流行，则会造成巨大的经济损失，而且有的病害很难防治。而预防工作做得好，则可以有效地防止病害的发生与流行。因此，蜜蜂病害的防治工作原则应是：以防为主，防重于治，防治结合。预防工作应主要做好以下几方面：

（一）检疫

蜜蜂病害的检疫工作是控制病害流行扩散的最有效途径。特别是产地检疫工作，能将病害限制在其发生地，并使病害及时得到处理而不致蔓延。由于我国许多蜂群是转地饲养的蜂群，蜂群全年活动范围遍布全国，若检疫工作不到位，马虎了事，则造成的损失往往是非常巨大的。爬蜂病、白垩病等病害的流行都曾造成我国蜂业的很大损失。因此，一方面检疫部门应严格检疫；另一方面，养蜂者也要认识到检疫是事关我国养蜂业整体利益的大事，应主动接受检疫，以防病害扩散。

（二）消毒

消毒是指用物理、化学或其他方法杀灭外界环境中的病原体。

1. 消毒的种类

有预防消毒、紧急消毒和巩固消毒三类。预防消毒是在疫病未发生前的消毒，目的是为了预防感染而进行的经常性的定期的消毒。紧急消毒是指从疫病发生到扑灭前所进行的消毒，目的是为了尽快彻底地消灭外界的病原体。巩固消毒是指在疫病完全扑灭之后对环境的全面消毒，目的是为了消灭可能残存的病原体，巩固前期消毒结果。

2. 消毒的方法

（1）机械消毒　是指用清扫、洗刷、铲刮、通风换气的方法清除病原体。如蜂箱、蜂场的清扫，能减少病死虫在蜂箱内和蜂场内的存在；蜂具表面的污物可用铲刮的方法清除病原物。

（2）物理消毒　用日照、灼烧、煮沸、蒸汽熏蒸、紫外线灯照射等方法杀灭病原体。

阳光中的紫外线有较强的杀菌作用，一般的病毒和非芽孢病原体在直射阳光下几分到几小时就会死亡，有的细菌芽孢在连续几天的强烈暴晒下也会死亡。此法经济实用，可用于保温物、蜂箱、隔板等蜂具的消毒。

用乙醇或煤油喷灯灼烧蜂箱、巢框等蜂具表面至焦黄是简单有效的方法，但缺点是对物品有些损害。

大部分非芽孢细菌在100℃沸水中迅速死亡，芽孢一般仅能耐受15分，若持续 1 小时，则可消灭一切病原体。此法常用于盖布、工作服、不明饲料、金属器具等煮不坏的物品的消毒。水面应高于消毒物品。

用高压锅、笼屉或流通蒸汽消毒，效果与煮沸消毒相似。将金属玻璃器具、盖布等物品放在蒸锅中蒸 15 ~ 30 分即可达到消毒目的。若在水开后加入 2% 的福尔马林，则消毒效果更佳。

使用紫外线灯（低压汞灯）对空气、物体表面消毒。其消毒效果与照射距离、照射时间有关，用 30 瓦的紫外线灯 1 ~ 2 只对 2 米处的物品照射 30 分即可达到消毒效果。可用于巢脾等蜂具的表面消毒。

（3）化学消毒　是广泛使用的消毒方法，常用于场地、蜂箱、巢脾等的消毒。液体消毒剂可以喷洒、浸泡的方式使用，熏蒸或熏烟则要在密闭空间里处理蜂具。下面介绍一些常用消毒剂（表 1-1）。

表 1-1　常用消毒剂使用浓度和作用特点

消毒剂	使用浓度	作用特点
乙醇（ CH_3CHO ）	70% ~ 75%	皮肤、花粉、工具等的消毒
高锰酸钾（ $KMnO_4$ ）	0.1% ~ 3%	杀病毒、细菌，用于皮肤、蜂具消毒
氢氧化钠（ $NaOH$ ）	2% ~ 5%	5% 可杀死芽孢，对皮肤、金属和木具有损伤，处理后的物品需清水洗净
甲醛（ $HCHO$ ）	40%	80 毫升/米^3 加热熏蒸 12 ~ 24 小时，可杀死细菌营养体、芽孢、病毒、真菌
生石灰（ CaO ）	10% ~ 20%	蜂具的浸泡消毒，石灰粉可用于地面消毒

消毒剂	使用浓度	作用特点
漂白粉（NaClO）	1% ~ 3%	浸泡消毒，能杀病毒、细菌营养体和芽孢
新洁尔灭	0.1%	浸泡 30 ~ 60 分，但对芽孢无效
过氧乙酸	0.05% ~ 0.5%	蜂具消毒，1 分可杀死芽孢
冰乙酸（CH_2COOH）	98%	蜂具熏蒸消毒，对孢子虫、阿米巴原虫、蜡螟均有较强的杀灭作用
二硫化碳（CS_2）	1.5 ~ 3.0 毫升 / 蜂箱	蜂具熏蒸消毒，对蜡螟有杀伤力，剧毒，使用时要注意安全
二氧化硫（SO_2）	3 ~ 5 克硫黄 / 蜂箱	熏烟消毒，对蜂螨、巢虫和真菌有效，有刺激性

三、药物防治

（一）药物选用

蜂病的药物治疗是目前消灭蜜蜂病虫害的主要手段。针对病原物类型来科学地选取药物是取得良好疗效的前提。毫无根据地乱用药物不仅不能迅速地治好蜂病，反而会贻误病情，污染蜂产品。因此，在治病之前，应先作诊断，区分出病原的类别，再对症下药，才可能事半功倍。一般来说，对于细菌病，可选用磺胺类药、土霉素、四环素等；对于真菌病，选用制霉菌素、二性霉素 B、灰黄霉素等抗生素；对于病毒病，可选用病毒灵、中草药糖浆等；对于原虫病，可选用甲硝唑等；对于螨类敌害，可选用氟胺氰菊酯等。

（二）用药注意事项

第一，不长期使用一种抗生素治病，以防病原菌产生抗药性，而应选用两种以上的抗生素交替使用。

第二，配制药物时，要掌握好用量，而不是越多越好，多了不仅会使蜜蜂发生中毒，也容易造成年蜂产品污染，但少了则达不到药效。

第三，抓住关键时机用药，可以省工省力。如抓住断子时期治螨效果特别好，只要连续两三次即可免除全年受害。

第四，抗生素在配糖浆时，因有效时间短，应随用随配，每次配量应以当天能够吃完为好，不可多日使用。

第五，在流蜜期，不用抗生素或其他可能造成年蜂产品污染的药物治疗蜂病，否则极易造成污染，降低产品品质，影响价格。特别是蜂蜜的抗生素污染，一直是影响我国蜂蜜品质和价格的重要问题，因此应予以足够的重视。

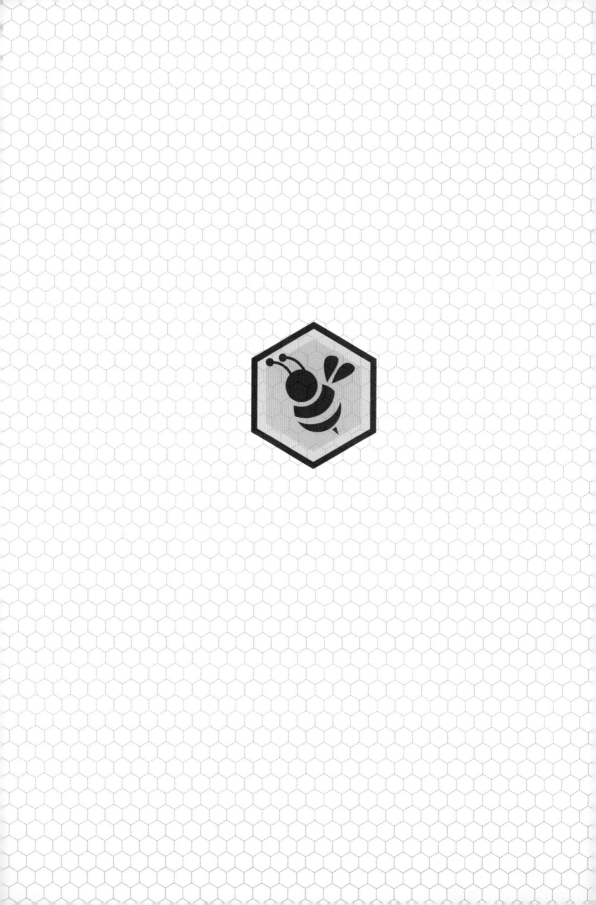

专题二

蜜蜂病害

———————————————————————————

蜜蜂病害主要有蜜蜂病毒病、细菌病、真菌病、原虫病和非传染性疾病。本专题从各种病害的病原、感染症状、传播途径、诊断、防治以及典型案例等方面进行说明，使养蜂工作者对蜜蜂病害有一个初步的认知，并在实践操作中逐步学会根据症状判断病害类型，及时采取有效措施，控制疾病传播，把损失降到最低。

一、蜜蜂病毒病

（一）囊状幼虫病

囊状幼虫病是一种常见的蜜蜂幼虫病毒病，具传染性。中华蜜蜂（以下称中蜂）、意大利蜜蜂（以下称意蜂）都有发生，只是病原有所不同。主要引起蜜蜂大幼虫或前蛹死亡，但受病毒感染的成年蜂不表现任何症状。囊状幼虫病有两种：一种是西方蜜蜂的囊状幼虫病，一种是东方蜜蜂的囊状幼虫病（表2-1）。

表2-1　囊状幼虫病病毒的分类

病毒	核酸类型	核酸分子量（道尔顿）	蛋白质分子量（道尔顿）
囊状幼虫病病毒（SBV）	单链RNA	2.8×10^6	26，28，31（$\times 10^3$）
囊状幼虫病病毒中国毒株（CSBV）	单链RNA	2.8×10^6	27，29，39（$\times 10^3$）
囊状幼虫病病毒泰国毒株（TSBV）	单链RNA	2.8×10^6	30，34，39（$\times 10^3$）

1. 病原

从意蜂囊状幼虫病病虫中分离得到的病原为蜜蜂囊状幼虫病病毒（SBV），是非包涵体病毒，病毒粒子为正二十面体，平均直径30纳米；

核酸为单链 RNA，分子量为 2.8×10^6 道尔顿。由东方蜜蜂的囊状幼虫病病虫中分离得到的病毒与西方蜜蜂中的囊状幼虫病病毒核酸大小、性质基本一样，只是在多肽分子量上略有差别，东方蜜蜂的比西方蜜蜂的略大些。二者血清学反应也不同，说明二者是不同的毒株。

2. 传播

病死幼虫是主要的传染源，受病毒污染的花粉、巢脾等器具是重要的传播媒介，携带病毒的成年蜂则是主要的传播者。蜜蜂囊状幼虫病病毒还可由大蜂螨所携带和传播。

当成年蜂用上颚拖拽、啃咬的方式清除病虫时，有时会把病虫表皮扯破，这时病虫的体液会被成年蜂舔舐清理，大量的病毒也就由口腔进入体内，再去饲喂幼虫就可能把病毒直接传给其他健康幼虫。由于病毒可以在成年蜂的脑、脂肪、肠、肌肉、腺体等诸多组织内繁殖，幼蜂对病毒又较敏感，它们的主要工作就是饲喂、清巢、储粉等巢内活动，会将病毒直接或间接地传递给其他健康的个体。尽管带毒成年蜂不表现症状，一旦感染了病毒，很难将其从体内清除，病毒就会在体内长期存在，直至成年蜂死亡。

延伸阅读

病害在蜂群之间的传播途径

人为的不当操作，如病群与健群的子脾互调、分蜂、蜂具混用等。转地放蜂是病害远距离传播的一种重要方式。由于我国现有的大量蜂群是以转地放蜂的方式来获取收入的，检疫工作一旦有所纰漏，长途转地的病群会很快使病害在省际扩散开来，这也是我国许多流行病害能在较短时间内在全国范围流行的主要原因。

3. 症状

病虫主要在封盖后 3 ～ 4 天的前蛹期表现症状。初期由于病虫不断被清除，导致脾面上呈现卵、小幼虫、大幼虫、封盖子排列不规则的现象，即"花子"症状。当病害严重时，病虫多，工蜂清理不及，脾面上可见典型病状：前蛹期病虫巢房被咬开，呈"尖头"状（图 2-1）；幼虫的头部有大量的透明液体积聚，用镊子小心夹住幼虫头部将其提出，幼虫则呈囊袋状。死虫逐渐由乳白变至褐色。当虫体水分蒸发，会干燥成一黑褐色的鳞片，头尾部略上翘，形如"龙船状"；死虫体不具黏性，无臭味，易清除。

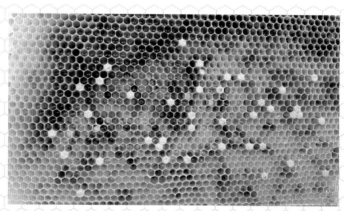

图 2-1　囊状幼虫病感染的子脾（李建科　摄）

成年中蜂被病毒感染后虽无明显外部症状，但肠腔及中肠细胞中均有大量的病毒粒子，中肠细胞明显受损，消化吸收受到影响，寿命缩短。

4. 诊断

根据典型症状诊断。

5. 防治

以抗病选种为主，结合饲养管理，辅以药物治疗。

第一，每次育王时只选取抗病群作为父母群，经连续选种可逐渐获得抗病力强的蜂群。

第二，早春注意加强饲喂和保温，防止饲喂受污染的花粉。

第三，病群换王断子，短期内可有效控制病情发展。

第四，有些中草药对抗病毒有一定的效果。如半枝莲，用药汁配成浓糖浆后，灌脾或于上框梁上饲喂，饲喂量以每次吃完为度，连续多次。此外，也有报道饲喂四环素有一定效果的，这可能是由于抗生素具有刺激蜜蜂清理病虫的积极性。

6. 典型案例

龚伦示范中蜂场位于义乌市佛堂镇，饲养中蜂160箱。蜂场位置偏僻，自然条件优越。该蜂场的蜂群健康，抗病能力强，近3年都未暴发过中蜂囊状幼虫病。防治中蜂囊状幼虫病，最重要的是预防，该场在蜂群未发病前就已做好消毒措施。龚师傅判断中蜂囊状幼虫病主要是通过查看巢脾中是否有"尖头"的幼虫，一旦发现，立即采用断子换王的方法进行防治。该场防治中蜂囊状幼虫病的具体措施如下：

（1）消毒　每年越冬前，龚伦示范中蜂场都要对场地、替换下来的蜂箱、蜂具、巢框等进行彻底的清洗消毒。场地使用石灰粉消毒；蜂箱消毒通常使用碱液清洗消毒或乙醇消毒。巢脾消毒通常使用二氧化硫熏蒸或福尔马林熏蒸。

（2）饲养强群　龚伦示范中蜂场的蜂群群势常年达到4～6张脾，

蜂群生产力和抗病力都较强。强群的采集力强，能保证蜂群有充足的饲料，蜜蜂发育健康，幼虫饲喂好，发育健壮。若寒潮来袭，强群保温效果好，护子能力强，可使幼虫免于冻害。

（3）断子换王　若有蜂群开始出现烂子症状，及时淘汰病群的蜂王，将全部子脾割除，然后选择健康、无病的强群进行育王，将健康的王台诱入病群，让蜂群重新造脾、恢复育虫。蜜蜂幼虫是囊状幼虫病病毒的载体，在蜂群经过较长时间的断子后，切断传染循环，待蜂群重新开始抚育，抚育质量显著提高，幼虫免疫能力也随之增加。

（4）选育抗病蜂种　无论外界中蜂囊状幼虫病发生多么严重，总会有几群蜂群仍然很健康。若有意识地把这几群保留下来，并用这几群进行育王，替换病群中的蜂王，几年下来，蜂场中的蜂群几乎都可以被该蜂种替换，蜂群的抗囊状幼虫病性能得到很好的体现。

（二）慢性麻痹病

慢性麻痹病是一种常见的西方蜜蜂成年蜂病，具传染性。患病蜂群群势逐渐减弱，严重的整群蜂死亡。该病在世界各地广泛发生。在我国，该病是引起春、秋季成年蜂死亡的主要原因之一。

1. 病原

蜜蜂慢性麻痹病的病原为慢性麻痹病病毒（CPV），Bailey 于 1963 年首先分离出。

2. 传播

病蜂是主要传染源，受污染的花粉、蜂具等是重要的传播媒介，携带病毒的成年蜂则是主动的传播者。传染途径主要有两种：口、伤口。经伤口感染是一高效的传染途径，只需 100 个病毒粒子即可，而经口感染则需 1 010 个病毒粒子。

病毒可在成年蜂的脑、神经节、上颚腺、咽下腺等许多组织内增殖，与囊状幼虫病病毒不同，它不侵染肌肉组织和脂肪组织。在病蜂的蜜囊、上颚腺及咽下腺中有大量的病毒粒子，这使得病蜂吐出的蜜或处理过的花粉都会被污染，因此病蜂的交哺、饲喂等活动都等于是在扩散病毒。病蜂成为蜂群中的病害传播者。蜂群间的传播者主要是迷巢蜂和盗蜂。

慢性麻痹病的易感性严格地受遗传及其他多元因素的制约，抗感染的遗传性可长期稳定存在，所以侵染虽十分普遍，但发病却有限度。许多外观上正常的蜂群，可能是隐性感染的，其中被感染的个体数可达总数的 30%。另外，由于绝大多数病蜂死于距蜂群较远的地方，所以很多病群可能会被误认为健群。

3. 症状

慢性麻痹病有两种症状：一种为大肚型，一种为黑蜂型。

大肚型病蜂双翅颤抖，腹部因蜜囊充满液体而肿胀，不能飞翔，在蜂箱周围爬行，有时许多病蜂在箱内或箱外结团。患病个体常在 5～7 天死亡。

黑蜂型病蜂体表刚毛脱落，腹部末节油黑发亮，个体略小于健康蜂（图 2-2）。刚被侵染时还能飞翔，但常被健蜂啃咬攻击，并逐出蜂群。几天后蜂体颤抖，不能飞翔，并迅速死亡。

图2-2 黑蜂型慢性麻痹症

4. 诊断

根据蜜蜂的症状可做初步判断，确诊必须做电镜检验或血清学检查。

（1）电镜检验 将可疑的病蜂收集在一起，加缓冲液研磨，经高速离心和蔗糖梯度离心制成病毒悬液，经磷钨酸负染，再用透射电镜观察，若见到大小不等的椭圆形的病毒粒子则可判断是慢性麻痹病病毒感染。

（2）血清学检查 用提纯的病毒制作兔免疫抗体血清，与可疑的病蜂悬液做琼脂免疫扩散电泳，出现沉淀线的为阳性，即判断为有病。

5. 防治

（1）选育抗病品种 将蜂场中最具抗病性的蜂群留作种用群，培育抗病品种，经多代选留后可获得抗性；或用抗病蜂王更换病群蜂王。

（2）加强饲养管理 春季选择高燥之地，夏季选择阴凉场所放蜂，及时清除病、死蜂。

（3）用升华硫驱杀病蜂 用4～5克的升华硫撒在蜂路、巢框上梁、箱底，每周 1 ～ 2 次。

（4）用核糖核酸酶防治　原因是在肠道中此酶能分解病毒核酸。国外用法是将药加入糖浆饲喂，或是喷脾。但只有不停地饲喂才能保护健蜂不感病，对已感病者无效。

（5）用抗蜂病毒一号　其主要成分是酞丁胺，对蜂安全，对病毒有明显抑制效果，能保护健蜂。10% 溶液，10 ～ 20 毫升 / 框蜂，喷治，1 次 / 天，连续 7 天为 1 个疗程。

（三）急性麻痹病

急性麻痹病为西方蜜蜂的一种成年蜂病害。首次在英国发现，我国也有发生。

1. 病原

为蜜蜂急性麻痹病病毒（APV）（图 2-3），病毒颗粒为直径 30 纳米的等轴粒子，单链 RNA，蛋白质分子量为（23 ～ 31）× 10^3 道尔顿。

2. 传播

急性麻痹病病毒可通过成年蜂唾液腺分泌物、被污染的花粉传播，但大蜂螨才是该病毒的高效的传播媒介。

3. 症状

病毒可在蜜蜂的脂肪体细胞的细胞质、脑部及咽下腺增殖，但并不表现明显症状。当病毒被注射进蜜蜂血体腔中，则会在 5 ～ 9 天死亡，死前蜂体震颤，并伴有腹部膨大症状。

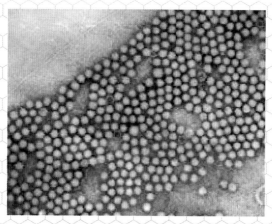

图2-3 急性麻痹病病毒

4. 防治

由于该病大蜂螨是主要媒介，故以治螨为主。

（四）缓慢性麻痹病

由蜜蜂缓慢性麻痹病病毒（SPV）引起的一种蜜蜂成年蜂病害，仅在英国发现。病原为直径30纳米的正二十面体病毒粒子，遗传组分为RNA，沉降系数（146S～178S）因提纯方法不同而异，浮密度为1.37克/毫升（CsCl）。自然界中仅见隐性感染，不表现症状。若将提纯病毒悬液注射健康蜜蜂，约在12天后引起死亡。死前1～2天，表现出前两对足震颤的麻痹症状。发病高峰期在夏季。

（五）蜂蛹病

蜂蛹病（Honeybee Pupa Disease）又称"死蛹病"，为蜜蜂蛹期的一种病毒病，造成蛹的大量死亡，蜂群群势迅速衰弱。1982年自我国云南、四川等省暴发病害，并很快流行全国，20世纪80年代中后期给养蜂业造成极大的损失。目前仅有我国报道发生过。

1. 病原

该病由蜜蜂蛹病毒（HBPV）引起。有报道称此病毒颗粒呈椭圆形，大小约 33 纳米 ×42 纳米。也有报道病毒粒子为球形，直径约 20 纳米。

2. 传播

病死蜂蛹是主要的传染源，被污染的巢脾是主要的传播媒介。病群蜂王卵巢中有大量病毒感染，推测病毒可经卵传播，因此病群蜂王可能是一重要的传染源。

3. 症状

工蜂封盖蛹房穿孔或开盖，露出白色或褐色的蛹头（图 2-4）。病蛹体瘦小，死亡后色变深，不腐烂，无臭味，无黏性，病害终年可见，但以春、秋季为重。由于蜂蛹大量死亡，病群群势衰减迅速，直至全群灭亡。

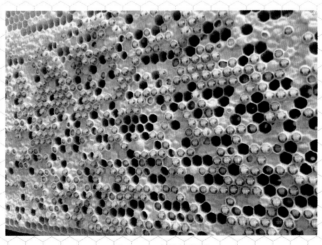

图 2-4　蜜蜂蜂蛹病

4. 诊断

蜂群群势迅速衰弱，见子不见蜂。箱前或箱底有残断蜂蛹。出房工蜂体质虚弱。封盖子不整齐，有花子现象，许多蛹房开盖，露出白色或褐色蛹头，呈典型的"白头蛹"状。以上症状可初步诊断为死蛹病。

5. 防治

以综合防治为主。

第一，换王并进行抗病品种选育。

第二，加强饲养管理。早春注意保温，饲喂优质饲料，增强蜂群抵抗力。

第三，中草药如柴胡、板蓝根对病毒有一定的抑制作用，用其药汁配成浓糖浆饲喂蜂群，每次少量，连续多次。

（六）阿肯色蜜蜂病毒病

由阿肯色蜜蜂病毒（ABV）引起的一种蜜蜂成年蜂病害，仅在美国发现。病原为直径30纳米的正二十面体病毒粒子，遗传组分为RNA，沉降系数为128 S，浮密度为1. 37克/毫升（CsCl）。

此病主要为隐性感染，使病蜂于患病后10～25天死亡。常与蜜蜂慢性麻痹病并发。病害主要发生在夏、秋季，尚无有效的防治方法。

（七）蜜蜂X病毒病

蜜蜂X病毒在英国发生普遍，而且经常大量发现于越冬的成年蜂中，在澳大利亚、法国和美国饲养的蜜蜂中也有发现。该病毒寄生于成年蜂的腹部，大部分寄生于肠道内。将此病毒注射于蜜蜂体内时，病毒并不繁殖，而用此病毒饲喂幼年蜂时，在30℃下饲养3～5周，病毒增殖很快，感病蜜蜂寿命缩短。然而，用同样方式感染幼年蜂并置于35℃下饲养时，病毒却很少繁殖。蜜蜂 X 病毒与阿米巴原虫有一定关系，病毒是通过粪便污染而传播的，同阿米巴原虫的传播方式相同。

（八）埃及蜜蜂病毒病

埃及蜜蜂病毒于 1979 年首先在埃及的西方蜜蜂体内分离出来，在日本和俄罗斯饲养的成年蜂体内也分离到该病毒。1990 年作者在我国饲养的意大利蜜蜂中首次分离到该病毒。患病蜜蜂在地面爬行，失去飞翔能力，不久衰竭死亡。患病蜂群群势削弱，失去生产蜂蜜和蜂王浆能力。其防治方法正在研究中。

（九）蜜蜂云翅病毒病

蜜蜂云翅病毒，是蜜蜂常见的一种病毒，在英国发病率为 15%，在埃及和澳大利亚也发现这种病毒。患病蜜蜂在严重感染时，翅透明度消失。病毒寄生于肌纤维细胞中，可通过呼吸管在肌肉之间扩散，患病蜜蜂死亡较快。尚无有效防治办法。

二、蜜蜂细菌病

（一）美洲幼虫腐臭病

美洲幼虫腐臭病（AFB），简称美幼病，是西方蜜蜂一种常见的烈性幼虫病，现已传播到世界各地的养蜂地区，我国也常有发生。据报道，在东方蜜蜂的印度蜂（*Apis cerana indica*）中也曾有发生，但我国的中蜂尚未有患病报道。

1. 病原

美洲幼虫腐臭病由幼虫芽孢杆菌（*Bacillus larvae* White）引起，菌体杆状，大小（2～5）微米×（0.5～0.8）微米，革兰阳性菌，能形成椭圆形的芽孢，芽孢大小约1.3微米×0.6微米，中生至端生，孢囊膨大。芽孢对热、化学消毒剂、干燥等不良环境有很强的抵抗力，芽孢在100℃的沸水中能活13分，0.1%的氯化汞溶液中能存活5天，在自然界中则能生存35年以上，可见其抗逆性之强，因此要完全杀灭蜂具中污染的芽孢不是件容易的事。

2. 传播

病虫是该病的主要传染源，病脾、带菌花粉等受污染物是主要的传播媒介。幼虫因食入染菌的食物而感染，芽孢进入幼虫的消化道后很快萌发，在幼虫化蛹前，病菌随其粪便一同排出，污染巢房。烂虫携带更多的病菌同样会污染巢脾，这样的病脾用于储粉、储蜜、育虫都会污染食物和健虫。内勤蜂的清巢、饲喂等活动也是群内传播的方式。群间传播则主要由盗蜂、迷巢蜂，病健群之间的巢脾等蜂具调整、带菌花粉的饲喂等造成的。

3. 症状

1日龄幼虫最易被感染，只有芽孢才能感染健康幼虫。感病幼虫在封盖后3～4天死亡，死虫多处于前蛹期，少数在幼虫期或蛹期死亡。于蛹期死亡的，尽管虫体部已腐烂，但其口吻朝巢房口方向前伸，形如舌状。病虫体色变化明显，逐渐由正常的珍珠白变黄、淡褐色、褐色直至黑褐色。病脾封盖子蜡盖下陷、颜色变暗，呈湿润状，有的有穿孔（图2-5）。烂虫具黏性，有腥臭味，用小杆挑触时，可拉出长丝。随虫体不断失水干瘪，

图 2-5　感染美洲幼虫腐臭病的蜜蜂

最后会变成工蜂难以清除的黑褐色鳞片状物。

4. 诊断

（1）根据典型症状诊断　烂虫腥臭味，有黏性，可拉出长丝。死蛹吻前伸，如舌状。封盖子色暗，房盖下陷或有穿孔。

（2）牛乳试验诊断　鳞片状物上加 6 滴 74℃的热牛乳，1 分后牛乳凝结，随即凝乳块开始溶解，15 分后，全部溶尽。这是由于幼虫芽孢杆菌在形成芽孢时产生的蛋白水解酶的作用，此酶可使牛乳悬液澄清。欧洲幼虫腐臭病和囊状幼虫病尸体无此特点。但要注意，巢内储存的花粉也会有这种反应，应注意区别花粉与干燥鳞片状物。

（3）荧光检查诊断　将干燥的鳞片状物置紫外灯下能产生强烈的荧光。

（4）染色检查　将鳞片状物或病虫做番红染色，然后置于 600 ~ 1 000 倍显微镜下观察，可见到大小（2 ~ 5）微米 ×（0. 5 ~ 0. 8）微米的椭圆形杆菌。

5. 防治

该病有较大的危害，做好预防工作非常重要。

第一，培育抗病品种。研究表明，一些蜜蜂对美幼病表现的抗性是因为有较强的清巢能力，包括工蜂咬开房盖和清理房中病虫两种独立的行为，这些行为是可遗传的，由三种独立的基因控制的，当一个蜂群中的工蜂同时或分别携带有 3 个基因时，则这个蜂群表现抗性。现代的转基因技术的应用有望成为将来蜜蜂抗病育种的主要方向。美国在此之前曾用常规方法培育出抗美洲幼虫腐臭病的"褐系"（Brown line）蜜蜂。

第二，加强检疫，禁止病群的流动。

第三，少数患病蜂群宜果断做扑灭处理，蜂箱蜂具做彻底消毒，防止病害扩散。当患病群数多时，宜隔离治疗，并做好消毒工作。

第四，因蜂螨能携带、传播幼虫芽孢杆菌，所以蜂群要及时治螨。

第五，药物治疗。用磺胺噻唑钠（2 毫升／10 框蜂）、土霉素（0.25克／10 框蜂）或四环素（0.25 克/10 框蜂）中的一种抗生素，配制含药花粉或含药饱和糖浆饲喂蜂群。先将药物研碎，再调入花粉中，制成花粉饼饲喂蜂群。要即配即食，防止失效。

知识
链接

抗生素治疗美洲幼虫腐臭病注意事项

抗生素加入糖浆中饲喂易造成蜂蜜的抗生素污染，故不宜在流蜜期使用。抗生素使用量应根据具体情况增减，过量易产生药害，不足达不到药效；而且不能长期无节制地使用一种抗生素，容易产生抗药性，可以几种抗生素定期轮换使用。

（二）欧洲幼虫腐臭病

欧洲幼虫腐臭病（EFB），简称欧幼病，是一种常见的蜜蜂幼虫病害，最早在欧美的西方蜜蜂中流行，后来东方蜜蜂也感染上，如今世界各养蜂地区都有分布，是我国中华蜜蜂常见的多发病，相反意蜂则较少发生。此病易于治疗。

1. 病原

为蜂房球菌（*Melissococcus pluton*），革兰阳性菌，但有时染色不稳定。无芽孢，披针形，直径 $0.5 \sim 1$ 微米，菌体常结成链状或成簇排列。厌氧或需微量的氧。$34 \sim 35\,℃$下用马铃薯培养基厌氧培养（$10\% \ CO_2$）生长良好。

从病虫中常可分离出几种次生菌，这些次生菌能加速幼虫的死亡。最常见的次生菌为尤瑞狄斯杆菌（*Bacterium eurydice*），在成年蜂和幼虫消化道中有少量发现。大小（$0.8 \sim 2.5$）微米 ×（$0.5 \sim 1.5$）微米，革兰染色阴性，易培养。菌体具多形性，单个或成链状，或似链球状，随不同培养基而定，常与蜂房球菌相混淆。

另一个常见的次生菌是粪链球菌［*Streptococcus faecalis*（*Streptococcus apis Massen*）］，菌体直径 $0.8 \sim 1$ 微米，链状排列，菌落小，白色，表面凸起，形态与蜂房球菌十分相似，但培养特性不同。该菌是蜜蜂从野外带入蜂箱的。它寄生于病虫后，其生长结果引起酸味。

再一个常见的次生菌是蜂房芽孢杆菌（*Bacillus alvei*），菌体杆状，大小（$0.6 \sim 0.8$）微米 ×（$2.2 \sim 4.5$）微米，革兰染色阳性，不稳定或阴性。芽孢椭圆形，中生、亚端生或端生，孢囊膨大，在生孢培养基中，涂片中常常发现并排芽孢的长列。该菌寄生病虫后，产生难闻的臭味。

除了以上几种细菌外，Gonzalez 等人（1985）在患欧幼病的幼虫中还同时分离到 *B. apiarius*、*B. orpheus*、*B. butlerovii* 和蜂房哈夫尼菌（*Hafnia alvei*）。

2. 传播

病虫是重要的传染源，病脾是主要的传播媒介。病菌经消化道传染。小幼虫取食被污染的食物后，该菌在中肠迅速繁殖，大多数病虫迅速死亡，但有少量幼虫化蛹，在化蛹前，肠道内的细菌随粪便排出而污染了巢房，其中的蜂房球菌和蜂房芽孢杆菌能保留数年的侵染性。内勤蜂的清洁、饲喂活动是群内传播的途径。群间传播主要由调整群势、盗蜂、迷巢蜂等引起。

3. 症状

一般小于 2 日龄的幼虫易被感染，4～5 日龄时死亡。病虫移位，体变色深，由珍珠白变为淡黄色、黄色、浅褐色，直至黑褐色。当工蜂清理不及时时，幼虫腐烂，并有酸臭味，稍具黏性，但不能拉丝，易清除。巢脾上"花子"严重，由于幼虫大量死亡，蜂群中长期只见卵、虫不见封盖子，群势下降快（图 2-6）。

图 2-6　感染欧洲幼虫腐臭病的蜜蜂幼虫

4. 诊断

（1）根据典型症状诊断　先观察脾面是否有"花子"现象，再仔细检查是否有移位、扭曲或腐烂于巢房底的小幼虫。

（2）显微检查诊断　挑出可疑病虫少许，简单染色后，在1 000倍显微镜下观察，可见大量单个或成对、成堆、成链状的球菌，可初步判断为欧幼病。要进一步确诊须做病菌的分离纯化和生理生化鉴定，或血清学鉴定。

5. 防治

由于病原对抗生素敏感，在防治中主要依靠药物治疗。但要注意合理用药，严防抗生素污染蜂蜜。

第一，选育抗病品种。

第二，加强饲养管理。如蜂多于脾，饲料充足，彻底消毒病群换出的蜂箱、蜂脾等。

第三，换王。因换王期间幼虫减少，内勤蜂有充足的时间清除病虫，减少传染源。

第四，药物治疗。常用土霉素（0. 25克／10框蜂），或四环素（0. 25克／10框蜂），配成含药花粉或饱和糖浆饲喂病群。重病群可连续喂3 ~ 5次，轻病群5 ~ 7天喂1次，喂至不见病虫即可停药。

（三）败血病

败血病（Septicaemia）是西方蜜蜂的一种成年蜂病害，目前广泛发生于世界各养蜂国。在我国北方沼泽地带，时有此病发生。

1. 病原

病原为蜜蜂假单孢菌（*Pseudomonas apisepticus*，图 2-7）。该菌为多形性杆菌，大小（0. 8 ~ 1. 5）微米 ×（0. 6 ~ 0. 7）微米，革兰阴性菌，周生鞭毛，运动力强，兼性厌氧，无芽孢。

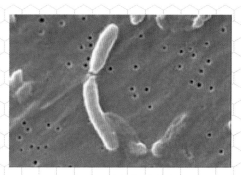

图 2-7　蜜蜂假单孢菌

此菌对外界不良环境抵抗力不强，在阳光和福尔马林蒸气中可存活 7 小时；在蜂尸中可存活 30 分；100℃沸水中只能存活 3 分。

2. 传播

该病菌广泛存在于自然界，如污水、土壤中，故污水等是主要传染源。当蜜蜂在采集污水或接触污水时，可将病菌带入蜂巢。病菌主要通过接触，由蜜蜂的节间膜、气门侵入体内。

3. 症状

病蜂烦躁不安，不取食，无法飞翔，在箱内外爬行，最后抽搐而亡。死蜂肌肉迅速腐败，肢体关节处分离，即死蜂的头、胸、腹、翅、足分离，甚至触角及足的各节也分离。病蜂血淋巴变为乳白色，浓稠。

4. 诊断

（1）根据典型症状诊断　死蜂迅速腐败，肢体分离。取病蜂数只，摘取胸部，挤压出血淋巴，若是乳白色，可做初步判断。

（2）显微检查诊断　取病蜂血淋巴涂片镜检，有多形态杆菌，且革兰染色阴性。

5. 防治

由于污水坑为主要的病菌之源，故防止蜜蜂采集污水为主要预防手段。为此，蜂场应选择干燥之处；蜂群内注意通风降湿；蜂场内设置清洁水源。对于患病蜂群，可选用土霉素或链霉素（0.1克／10框蜂）调入花粉或饱和糖浆内饲喂，连续数日，至不见死蜂为止。

（四）蜜蜂副伤寒病

蜜蜂副伤寒病（Honeybee Paratyphoid Disease）是西方蜜蜂的一种成年蜂病害。世界许多养蜂国家都有发生。我国东北地区较多，常在冬末春初发生，特别是阴雨潮湿天气较重，严重影响蜂群越冬和春繁。

1. 病原

病原为蜂房哈夫尼菌（*Hafnia alvei*），菌体两端钝圆的小杆菌，大小（1～2）微米 ×（0.3～0.5）微米，革兰染色阴性，不形成芽孢。在肉膏蛋白胨培养基上培养24小时，菌落针尖大，浅蓝色，半透明；在马铃薯培养基上形成淡棕色的菌落。

2. 传播

污水坑是箱外的传染源，病原菌可在污水坑中营腐生生活，蜜蜂沾染了或饮用了含菌的污水后感病。病蜂粪便污染的饲料和巢脾是巢内主要的传播媒介。实验室研究表明，从寄生病蛹的大蜂螨的血淋巴及唾液腺中均检查到哈夫尼菌，大蜂螨还可将病菌传染给健蛹，健蛹感病的概率随蛹体上寄生螨数的增多而提高，当有 1 只螨寄生时，16.7% 蛹感染，2 只为 30.7%，4 只达 81.8%，7 只达 95.0%。

3. 症状

病蜂腹胀，行动迟缓，不能飞翔，下痢。拉取病蜂消化道观察，中肠灰白色，中、后肠膨大，后肠积满棕黄色粪便。

4. 诊断

由于病蜂无特殊的症状，很难从外表直接诊断。须结合显微观察和分离培养出病原菌才能确诊。取病蜂消化道内容物做简单染色显微观察，可见许多小型多形态的杆菌，可做初步诊断。

5. 防治

（1）加强饲养管理　选择高燥的地方放置蜂群，留足优质越冬饲料，蜂场设置清洁的水源，晴暖天气促蜂排泄。

（2）病群用抗生素治疗　用土霉素或链霉素（0.1 克／10 框蜂）配制含药饱和糖浆饲喂，隔天 1 次，至不见病蜂为止。

（五）蜜蜂螺原体病

蜜蜂螺原体病（Honeybee spiroplasmosis）是西方蜜蜂的一种成年蜂病害。1976 年在美国马里兰州首次发现，在北美洲、欧洲、亚洲发现。1988 年以来在我国各地广泛流行。以长期转地蜂群发病重，定地或小转地蜂群发病轻；阴雨天或寒流后严重；使用代用饲料、劣质饲料越冬的蜂群发病严重。南方在 4 ～ 5 月为发病高峰期，东北一带 6 ～ 7 月为高峰期。

1. 病原

蜜蜂螺原体（*Spiroplasma melliferum*，图2-8），属柔膜菌纲（Mollicutes），是一种螺旋形、能运动、无细胞壁的原核生物，直径约0.17微米，能通过0.25微米的孔径滤膜。长度因不同生长时期有很大变化，一般生长初期较短，呈单条丝状，生长后期螺旋性减弱，出现分枝，结团，丝状体上有泡囊产生。固体培养基中菌落直径75～210微米，呈煎蛋形；在液体培养基中菌体能做快速的扭曲和旋转运动。

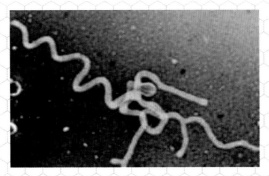

图2-8 蜜蜂螺原体

此菌需要在含核苷、甾醇等成分的特殊培养基中生长，如R-2，C-3G培养基等。

2. 传播

病死蜂是主要传染源，病蜂和无症状的带菌蜂是病害的传播者。病菌污染的巢脾、饲料等是传播媒介。成年蜂经饲喂和注射病菌均可感染。

从十几种植物花上也分离到螺原体，如刺槐花、荆条花等，它们对蜜蜂也有致病性。蜜蜂的采集活动有可能也是病害在蜂间传播的原因之一。

3. 症状

病蜂腹部膨大，行动迟缓，不能飞翔，在蜂箱周围爬行。病蜂中肠变白肿胀，环纹消失，后肠积满绿色水样粪便。病蜂感染3天后，血淋巴中可检测到菌体，感病约7天后死亡。此病原与孢子虫、麻痹病病毒等混合感染蜜蜂时，病情严重，爬蜂、死蜂遍地，群势锐减。

4. 诊断

因病蜂表现症状特征不明显，要确诊须进一步检查。

（1）显微检查 取可疑病蜂5只，用1%氯化汞溶液表面消毒，再用无菌水冲洗2~3次，加少量水研磨，1 000转/分离心5分，取一滴上清液于载玻片上，加盖片，用暗视野显微镜或相差显微镜1 500倍检查，见到晃动的小亮点，并拖有一条丝状体，做原地旋转或摇动运动，可确诊。也可做电镜检查来确诊。

（2）血清学检查 Jordan等人（1989）用特异性的鼠单克隆抗体（Mab）可检测多种螺原体，包括蜜蜂螺原体。

5. 防治

第一，选择干燥通风的场所越冬，加强保温，留足优质饲料，不用代用品。

第二，培育强壮的越冬蜂。

第三，病群换箱换脾，旧箱脾等蜂具消毒处理。

第四，药物治疗。用四环素（0.25克／10框蜂）调入花粉或糖浆中饲喂，每天1次，连续喂至不见病蜂为止。

（六）蜜蜂大肠杆菌病

1. 症状

蜂群出现衰弱，萎靡不振，翅膀发抖，失去工作能力。病蜂离群，四处爬行，腹部膨胀、腹部末端呈现暗黑色，粪便稀薄呈黄色而带有臭味。在箱底巢前有很多痢斑，病蜂群势迅速削弱，部分病蜂急剧死亡。捉取病蜂切去头部，然后用指甲夹住腹部末端，和螯针一起拉出膨大的直肠，接着拉出丝状的小肠，最后拉出中肠，病蜂的中肠环纹明显，内容物呈黑灰色。

2. 防治

第一，喂给蜂群无污染的水。

第二，饲喂庆大霉素糖浆和 0.1% 电解多维饮水。

第三，为防止蜜蜂误采被污染的水源，对污染严重的臭水塘进行污染物清除，同时对水塘周围和水面用 1% 的威力碘进行喷洒消毒。

三、蜜蜂真菌病

（一）白垩病

白垩病（Chalk brood）是西方蜜蜂的一种幼虫病，由 Massen 于 1913 年首次报道，现已广泛分布于各养蜂地区。我国自 1991 年首次报道以来，危害一直较严重，给我国养蜂生产造成了很大损失。我国台湾的白垩病虽有发生，但并不严重至需要处理。该病为蜜蜂进口的检疫对象。

1. 病原

根据 Skou（1972）的分类，白垩病病原菌有两种：一种是大孢球囊菌

（*Ascosphaera major*），另一种是蜜蜂球囊菌（*Ascosphaera apis*），它们不能杂交。两菌的孢囊均为深墨绿色，主要区别在于成熟的滋养细胞和孢囊的大小不同。蜜蜂球囊菌的孢囊直径通常为 32 ~ 99 微米，平均为 65.5 微米，孢子大小 33.8 微米 × （1.5 ~ 2.3）微米；大孢球囊菌的孢囊直径一般为 88.4 ~ 168.5 微米，平均 128.4 微米；孢子比前者大约 10%。此菌在马铃薯培养基上即可生长，若加入 0.4% 的酵母膏则生长更好。

蜜蜂球囊菌为异宗结合菌，有菌丝生长阶段和孢囊生长阶段。有隔菌丝，菌丝细胞多核。菌丝分单性菌丝和两性菌丝两类。单性菌丝生长只能形成白色菌丝体，短绒状，无子囊果产生；老菌丝会渐渐变成土黄色。两性菌丝先进行菌丝生长，后期进入有性阶段，形成子囊果。子囊果球形，自外向内有三层结构：最外一层是深绿色的闭囊壳，其内包裹着许多球形子囊，又称孢子球，在子囊内有大量的椭圆形子囊孢子。不同子囊果中的子囊大小和数目也有不同。形成子囊果的区域近黑色，成熟的子囊果会自行破裂，释放出孢子球和子囊孢子。

2. 传播

病虫和病菌污染的饲料、蜂具是主要的传染源。菌丝和孢子均有侵染性，它们可由成年蜂或蜂螨体表携带而在蜂群内或群间传播。病群生产的花粉带有病菌，这种花粉的广泛传播和使用是此病在我国快速蔓延的重要原因之一。

3. 症状

子囊孢子被 4 ~ 5 龄幼虫（最敏感时期）摄入后，进入中肠，孢子萌发，尽管菌丝并不在肠道中大量生长，但却直接穿过围食膜和中肠上皮细胞，进入血体腔大量生长，3天后，幼虫体表可见菌丝体。幼虫在封盖后的头两天或在前蛹期死亡。

病虫软塌，后期失水缩小成较硬的虫尸。体表呈白色（仅有单性菌丝生长）或黑白两色（有深色子囊果形成）（图2-9）。由于雄蜂幼虫常分布在脾的外围，易受冻，故而雄蜂幼虫比工蜂幼虫更易受到感染。

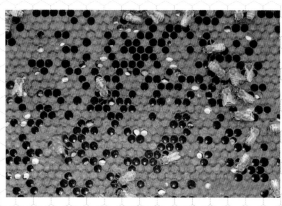

图 2-9　感染白垩病的蜜蜂

4. 诊断

（1）典型症状诊断　在病群的巢门前、箱底或巢脾上可见长有白色菌丝或黑白两色的幼虫尸，即可确诊。

（2）显微诊断　取虫尸，刮取体表黑色物，置载玻片上做水浸片，显微镜400倍观察，见到闭囊壳、孢子球及孢子的形态可确诊。

5. 防治

蜜蜂白垩病是一种较顽固的真菌性病害，易复发，因此不能只依赖药物，要采取综合防治的方法。

第一，选育和使用抗病蜂王。

第二，春季做好保温，保持箱内通风干燥。

第三，不饲喂带菌的花粉，或消毒后再饲喂。

第四，蜂群治螨，减少病原传播者。

第五，病群换下的蜂箱要彻底消毒才能使用，巢脾化蜡或烧毁。

第六，药物治疗。用二性霉素 B（2 克／60 框蜂），或甲苯咪唑（1 片／10 框），或左旋咪唑（3 片／10 框）加制霉菌素（1 片／10 框），碾粉掺入花粉饲喂病群，连续 7 天，均可获得较好的疗效，且不伤蜂。

（二）黄曲霉病

黄曲霉病（stonebrood）又称石子病，是一种罕见的西方蜜蜂真菌病。幼虫、蛹和成年蜂均可感染，但以幼虫及蛹的感染较多。主要分布于欧洲、北美洲以及委内瑞拉、中国。

1. 病原

蜜蜂黄曲霉病由黄曲霉（*Aspergillus flavus*）引起，偶有烟曲霉（*Aspergillus fumigatus*）引起。黄曲霉菌落呈绒状黄绿色，分生孢子梗棒状，不分枝；顶囊球形；分生孢子小梗不分枝，呈紧密放射状排列于顶囊上；分生孢子大多球形，直径 5 ~ 6 微米。

2. 传播

黄曲霉的孢子广泛存在于土壤、谷物作物等环境中，在霉变的花粉中也可能存在。孢子可随风飘散，污染花蜜、花粉等物。蜜蜂因取食被污染的饲料而感染。黄曲霉的孢子在蜜蜂肠道中萌发，形成菌丝，穿透肠壁，释放毒素，最后菌丝长出体表而呈黄绿色。

3. 症状

病虫在封盖前或封盖后死亡。感病初期幼虫变软，死时体表长满绒毛状黄绿色菌丝，虫尸因失水而变得十分坚硬。有的虫尸会被菌丝与巢房壁紧连在一起。少数成年蜂感病，病蜂表现出腹大、无力、瘫痪的症状。死蜂体躯干硬，不腐烂，体表上有黄绿色孢子（图2-10）。

图 2-10　蜜蜂黄曲霉病

4. 诊断

第一，根据症状诊断。

第二，挑取病虫表面黄绿色物质，置载玻片上做成水浸片，于400倍显微镜下观察，见到黄曲霉即可确诊。

5. 防治

可参照白垩病的防治方法。因黄曲霉毒素对人有毒，操作过程中应注意自我防护。从病群取得的花蜜、花粉均毁弃处理。

（三）卵巢黑变病

卵巢黑变病（Ovary Melanosis Disease）是一种发生于西方蜜蜂蜂王生殖系统的偶发性真菌病。目前分布于欧洲、加拿大等地，我国尚未发现。

1. 病原

为黑色素沉积菌（*Melanosella morsapis*），孢子褐色，大小 12.4 微米 ×
14.2 微米。

2. 传播

病原由蜂王的螫针腔和生殖孔侵入卵巢和输卵管，并在生殖器官中寄生。通过生殖道注射可使蜂王感染，而工蜂和雄蜂若进行胸部注射也会发生感染。据推测，病原菌是通过蜜蜂采集甘露蜜时，将生活在其中的真菌带回蜂箱的，在偶然的情况下侵染了蜜蜂。

3. 症状

蜂王卵巢失去光泽，变黑，毒囊、直肠也会受到感染，产生大量黑色肿胀物，阻塞输卵管，卵巢逐渐萎缩，蜂王停卵，1 ~ 2 月后死亡。若工蜂被侵染，最显著的标志就是后肠外翻。

4. 诊断

取病蜂王，解剖其腹部，若发现卵巢及直肠变黑即可做初步判断。取一小块组织于载玻片上，加水，盖片，于 200 ~ 400 倍显微镜下观察，若发现大量褐色孢子，大小如上所述，即可确诊。

5. 防治

对该病的研究很少，一般采取更换蜂王的方法。

四、蜜蜂原虫病

（一）蜜蜂微孢子虫病

蜜蜂微孢子虫病（Nosema disease）是一种常见的成年蜂病。世界各养蜂地区均有分布。在我国也有广泛分布，且发病率较高，造成成年蜂寿命缩短，春繁和越冬受影响。孢子虫经常与其他病原物一起侵染蜜蜂，造成并发症，给蜂群带来很大损失。在西方蜜蜂和东方蜜蜂上均有发生，但东方蜜蜂尚未见流行病。工蜂、雄蜂、蜂王均可感病。

1. 病原

为蜜蜂微孢子虫（*Nosema apis*）。孢子大小（3～8）微米×（1～3）微米，椭圆形，两端钝圆，内有两个细胞核，一根长度为230～400微米的螺旋形极丝。孢子前端有一胚孔，为放射极丝的孔道，以侵入细胞。

蜜蜂微孢子虫有两种生殖方式：无性裂殖和孢子生殖。前者为母孢子从中间横分裂为两个新的孢子虫；后者有一过程，即孢子放射极丝形成：游走体→单核裂殖体→双核裂殖体→多核裂殖体→双核裂殖子→初生孢子→成熟孢子。

成熟孢子虫对外界不良环境有很强的抵抗力。在蜜蜂的粪便中可存活2年，在25℃、4%的甲醛中可存活1小时。但在1%的苯酚溶液中，10分即可杀死；在2%的氢氧化钠溶液中15分可杀死。

2. 传播

孢子通过被污染的食物进入蜜蜂中肠，在消化液的刺激下，放射出中空的极丝，通过极丝，将两细胞核及少量细胞质注入中肠上皮细胞，在其中增殖。1周后，中肠细胞脱落，释放出大量孢子虫，随粪便排出体外，污染箱、脾、粉、蜜，特别是当病蜂有下痢症状时，污染更为严重。内勤蜂因清理受污染巢脾、取食受污染蜜粉而感染。群间传播主要是由迷巢蜂、盗蜂及不卫生的蜂群管理行为造成的。孢子能随风到处飘落，造成大面积、大范围的散布；病、健蜂采集同一区域的同一蜜源时，病蜂会污染花及水源。

3. 症状

病蜂无明显的外部症状，只是行动迟缓，腹部末端呈暗黑色。当外界连续阴雨潮湿，蜜蜂无法外出排泄时，会有腹泻症状（图2-11）。病蜂中肠环纹消失，失去弹性，极易破裂；而健蜂的中肠环纹清晰，弹性良好。雄蜂及蜂王对孢子虫也敏感，蜂王若被侵染，很快停止产卵，并在几周内死亡。

图2-11 感染微孢子虫病的病蜂

4. 诊断

由于病蜂在外观上没有明显的症状，须做如下诊断：

第一，用拇指和食指捏住成年蜂腹部末端，拉出中肠，观察中肠的环纹、弹性。病蜂中肠环纹消失，失去弹性。

第二，挑取可疑病变中肠组织一小块，置载玻片上，加少量蒸馏水捣碎，盖上盖片于显微镜 400 ～ 600 倍下观察，若有大量大小一致的椭圆形粒子存在，即可确诊。

5. 防治

（1）蜂具的消毒　换下的蜂箱、巢脾等蜂具用乙酸、福尔马林加高锰酸钾熏蒸消毒，方法详见消毒部分。空箱、空脾也可用热消毒法，即将温度升到 49℃，维持 24 小时，即可杀死孢子虫。

（2）饲喂酸饲料　由于孢子虫在酸性溶液中会受到抑制，因此在每升饱和糖浆或蜂蜜中加入 1 克柠檬酸，提高饲料的酸度，可抑制孢子虫的侵入与增殖。用适量白米醋代替柠檬酸也可，但米醋用量不好掌握。

（3）药物防治　国外用烟曲霉素（Fumagillin）加入糖浆中喂蜂治疗，效果良好。甲硝唑（0.2 克/框蜂）碾碎后，加入酸饲料中饲喂蜂群，亦可起到防治效果。

（二）阿米巴原虫病

阿米巴原虫病（Amoeba Disease）即蜜蜂马氏管变形虫病，是西方蜜蜂的一种成年蜂病害，常与蜜蜂微孢子虫病并发，造成的危害也较单一发病严重。每年的 4 ～ 5 月是发病高峰期。

1. 病原

蜜蜂马氏管变形虫（*Malpighamoeba mellificae*），有变形虫（阿米巴）和孢囊两种形态。变形虫是一形状可变的单细胞，表面有许多突起和凹陷，并有灵巧的伪足，以吞噬作用和胞饮作用取食；当环境不良时，形成厚壁的球形或近球形的孢囊，直径 5 ～ 8 微米。

2. 传播

孢囊被成年蜂吞食后，在肠道内释放出营养体，进入变形虫阶段，依靠伪足钻入马氏管上皮细胞里繁殖。受侵染的马氏管上皮细胞刷状缘肿胀、破裂，细胞核消失，丧失其排泄功能。蜜蜂被孢囊侵染后 22 ~ 24 天，变形虫营养体又形成许多新的孢囊，随粪便一起排出。

病蜂是主要的传染源。其粪便中含有大量的孢囊，当巢脾等蜂具和饲料被污染后，便成为病害在群内传播的主要媒介。群间传播是由盗蜂、迷巢蜂、污染器具和饲料的混用造成的。

马氏管变形虫病与蜜蜂微孢子虫并发的原因是它们传播途径相同，发病季节也相同，但这两种病害并不互相依赖，可是混合感染危害大，极易使蜂群暴死。

3. 症状

病蜂腹部膨大，有时下痢，无力飞行。拉出中肠，可见中肠末端变为红褐色；显微镜下，马氏管变得肿胀、透明（图 2-12）。后肠膨大，积满大量黄色粪便。

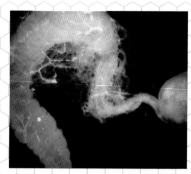

图 2-12　感染阿米巴病的蜜蜂马氏管

4. 诊断

第一，拉出中肠观察其颜色，病蜂中肠末端棕红色，后肠积满黄色粪便，可做初步诊断。

第二，显微检查。取可疑病蜂的马氏管，置载玻片上，滴加蒸馏水，盖上盖片，显微镜400倍检查。若马氏管膨大，近于透明，管口破裂处有大量球形孢囊逸出，即可确诊。

5. 防治

与蜜蜂微孢子虫病防治方法相同。

（三）爬蜂病

爬蜂病（Crawling-bee Disease）是仅发生在我国境内的一种西方蜜蜂成年蜂病害。20世纪80年代末至90年代初曾广泛流行，给养蜂业造成了极大损失。该病有明显的季节性，4月为发病高峰期，秋季病害基本自愈。病害与环境条件密切相关，当温度低、湿度大时，病害重。

1. 病原

爬蜂病的病原十分复杂。研究表明，该病是多种蜜蜂病原物混合感染的结果，已发现的病原有：蜜蜂微孢子虫、蜜蜂马氏管变形虫、蜜蜂螺原体、奇异变形杆菌。病蜂至少有3种病原同时感染，4种病原同时检出率达85.2%。奇异变形杆菌是第一次从蜜蜂中分离到，其病理作用尚不清楚。

2. 传播

病蜂是主要的传染源，其排泄物含有大量病菌，会污染箱内蜂具及饲料，使之成为传播媒介。盗蜂、迷巢蜂、人为的子脾互调和蜂具混用等操作会使病害在群间蔓延。

3. 症状

病蜂行动迟缓，腹部拉长，有时下痢，翅微上翘。病害前期，可见病蜂在巢箱周围蹦跳，后期无力飞行，在地上爬行，最后抽搐死亡。病害严重时，大量幼蜂和青壮年蜂爬出蜂箱，死于蜂箱周围。死蜂伸吻，张翅。病蜂中肠变色，后肠膨大，积满黄或绿色粪便，有时有恶臭（图2-13）。

图2-13　感染爬蜂病的蜜蜂

4. 诊断

根据症状可做初步判断，但须结合显微检查才能确诊。具体方法可参见蜜蜂螺原体、孢子虫及变形虫部分内容。

5. 防治方法

第一，选择高燥、避风向阳的越冬及春繁场地。

第二，适时停产王浆，培育适龄的越冬蜂。

第三，供给蜂群充足的优质饲料，不用代用品。

第四，早春及越冬时，注意蜂群的通风降湿及保温物的翻晒工作。

第五，抓紧有利晴暖天气，促蜂排泄。

第六，饲喂酸饲料，抑制病原物的繁殖。

第七，病群换下的箱脾等器具要进行消毒后才能使用。

第八，药物防治。给病群饲喂四环素 + 氟哌酸 + 甲硝唑（各 1 片 /10 框蜂）。配制含药糖浆或药粉饼饲喂。

五、非传染性病害

（一）卷翅病

卷翅病（Coiled-wing Disease）是我国长江以南地区西方蜜蜂常见的非传染性病害，多在 7～8 月天气炎热时发生。江浙地区多发生于芝麻花期，福建则多发生于瓜花期。若不及时采取措施，会由于新老蜂衔接不上，导致群势迅速下降，造成年蜂群越夏失败或秋衰。

1. 病因

若群内饲料缺乏，发病会更严重。应该注意的是，大小蜂螨的危害也会造成卷翅或缺翅现象。

2. 症状

初羽化出房的幼蜂，轻的翅尖卷曲或翅面折皱，重的四翅卷曲（图2-14）。不能飞翔，爬出巢外而死。由于边脾或巢脾外围的巢房的封盖子易受气温变化影响，因此较易得病。

图 2-14　蜜蜂卷翅病

3. 诊断

当天气异常炎热，同场多数蜂群均出现不同程度的卷翅现象，且蜂群中并无蜂螨危害时，则可判断为卷翅病。

4. 防治

此病重在预防。注意蜂群的防暑降温工作，将蜂箱置于阴凉处，避免阳光直射，经常洒水降温，给蜂群喂水，以免群内过热。强行限王产卵，使蜂群安全度夏，避免出现成年蜂的卷翅病。尽量少开箱，以免影响群内的正常温度。做好蜂螨防治工作。

（二）幼虫冻伤

幼虫冻伤（Chilled brood）是一种常见的非传染性病害。卵、幼虫、蛹均可受冻，主要在蜂群春繁时发生，当寒流突然来临时也容易发生冻害。一般来说，外界气温持续一段时间低于14℃就很可能造成虫卵受冻。

1. 病因

因外界气温过低或蜂群群势太弱，蜂群无法维持卵、幼虫、蛹正常发育所要求的温度而造成的。当蜂群由于杀虫剂毒害或人为分蜂后部分老蜂返回原巢造成的群势突然下降也可能造成冻伤。

2. 症状

当寒流过后，蜂群内突然出现大批受冻的卵、幼虫、蛹死亡的现象。死虫多出现在巢脾的边缘，尤其以弱群为重。受冻卵呈干枯状，无法孵化。受冻幼虫一般呈奶黄色，腹部边缘带有黑色或褐色。幼虫质地干脆，无黏稠，易清除。气味一般较淡，有时也有令人讨厌的酸味。封盖子的坏死有时会出现封盖穿孔的现象。同其他幼虫病相比，冻死幼虫的显微诊断，一般找不到病原微生物。

3. 防治

为了避免蜂子冻伤现象，主要是做好蜂群管理工作。春繁期间，保持蜂多于脾、蜂多于子，群内饲料充足，弱群合并，调整群势，蜂王限产，加强保温等措施可有效提高蜂群的抗寒抗冻能力，防止蜂子冻伤发生。

（三）卵枯病

卵枯病（Shrivelled Egg Disease）由于蜂卵不孵化而出现的卵干枯的现象称卵枯病。

1. 病因

由于蜂王近亲交配而造成的，导致其产下的卵不孵化而逐渐干枯；由于高低温伤害而造成的；药物使用不当也可造成卵中毒死亡，呈现干枯症状。

2. 症状

由蜂王近亲交配造成的卵干枯，死卵分散不成片，卵小，色暗，着房位置各异（图2-15）。由于高低温造成的卵干枯，死卵成片，着房位置一

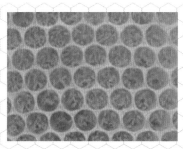

图2-15　蜜蜂卵枯病

致，多位于巢脾边沿。由于药害造成的卵干枯，往往发生于药物处理过的蜂群中，幼虫也可能同时出现中毒症状，死卵成片，色暗。

3. 防治

第一，及时淘汰劣王，换生命力强的蜂王。

第二，蜂群易受冻时，及时保温，合并弱群，紧脾使之蜂脾相称；盛夏时节，做好蜂群遮阴、通风降温等工作。

第三，群内使用药物时，要严格掌握用药量，防止发生药害。

专题三

蜜蜂敌害

在蜂群饲养过程中，通常会遇到各种蜜蜂敌害，如螨类和各种昆虫等，这就需要掌握蜜蜂生物学知识和蜜蜂敌害防治知识与方法，便于及时、准确地抓住原因，对症施治，有效地控制敌害的侵扰，最大限度地降低损失，确保蜂业健康生产。

一、螨类敌害

据报道，全世界与蜜蜂有关的螨类达 28 科 83 种，其中大多数是对蜜蜂无害的螨，只有少数几种是严重危害蜜蜂的，如大蜂螨、小蜂螨、武氏蜂盾螨。蜂螨属于无脊椎动物门蛛形纲蜱亚纲寄螨目中气门亚目。

（一）大蜂螨

1. 分布

大蜂螨又称雅氏瓦螨、亚洲螨、大螨，属瓦螨科。Oudemans 首次于 1904 年在爪哇岛的东方蜜蜂上发现，后来大蜂螨传染到西方蜜蜂上，成为西方蜜蜂的主要寄生性敌害，而且受害严重，但其原始寄主东方蜜蜂却无明显受害现象，只有少量的寄生。自从大蜂螨传播到西方蜜蜂上之后，逐渐在世界各养蜂地区传播开来。目前除澳大利亚尚未报道大蜂螨危害以外，非洲、欧洲、美洲等地区都有分布。

2. 危害

尽管东方蜜蜂是大蜂螨的原始寄主，但由于工蜂在受寄生后表现有激烈的同伴清扫和自我清扫等行为方面的特点而具有显著的抗螨特性。而西方蜜蜂受侵染后，若不加治疗，蜂群很快衰亡。我国于 1955 年在江浙一带的意蜂上发现了大蜂螨后，逐渐向其他省份扩散。至 1960 年，全国大部分地区都暴发了大蜂螨。

危害的主要症状有：被寄生的成年蜂（图3-1），体质衰弱，烦躁不安，体重减轻，寿命缩短。幼虫受害后（图3-2），发育不正常，出房的成年蜂畸形，残翅，失去飞翔能力，四处乱爬。受害蜂群，哺育力和采集力下降，成年蜂日益减少，群势迅速下降，甚至全群死亡。

图3-1 大蜂螨寄生的成年蜂（李建科 摄）

图3-2 大蜂螨寄生的幼虫（李建科 摄）

大蜂螨除了吸食蜜蜂血淋巴造成危害外，它还能携播多种病原。已知其体内可携带的有：急性麻痹病病毒、蜜蜂克什米尔病毒、残翅病毒（DWV）、慢性麻痹病病毒、云翅粒子病毒、蜂房哈夫尼菌。其体表可携带的有：蜜蜂球囊霉、曲霉、孢子虫。当以上某种病害和螨同时发生在蜂群中时，螨就可以通过吸食和活动在群内甚至群间传播病害。因此在治疗以上病害的同时，要彻底治螨。

3. 形态特征

（1）卵　乳白色，卵圆形，长0.60毫米，宽0.43毫米。卵膜薄而透明，产下时已发育，可见4对肢芽，形如紧握的拳头。

（2）若螨　分为前期若螨和后期若螨两种。前期若螨近圆形，乳白色，体表着生稀疏的刚毛，具有4对粗壮的附肢。体形随时间的增长而变为卵圆形；大小也由长0.63毫米、宽0.49毫米，增长至长0.74毫米、宽0.69毫米。后期若螨体呈心脏形，长0.87毫米、宽1.00毫米。随着横向生长的加速，体由心脏形变为横椭圆形，体背出现褐色斑纹，体长增至1.09毫米、宽增至1.38毫米。腹面骨板已形成，但尚未骨化。

（3）成螨　雌成螨呈横椭圆形，棕褐色（图3-3），长1.11～1.17毫米，宽1.6～1.77毫米。

图3-3　成螨（房宇　摄）

1）颚体　是重要的分类特征，位于躯体前端，由颚基、1 对螯肢、1 对须肢、口下板、头盖组成。螯肢是摄食器官，原为钳状，但背侧的定趾已退化，仅余腹侧具齿的动趾，动趾尖锐，前端如刺，适于刺吸。须肢 1 对，着生于螯肢外侧，由于趾节退化为叉毛（指分枝相同的毛）而只有五节；叉毛分二叉，须肢上有趋触毛，是感觉器官，同时又可用于抱握食物帮助摄食。口下板 1 对，三角形，位于颚体中央下方，一般不易见到。口下板外侧有一对颚角。口器由口下板、下咽、上唇、涎针等组成，可刺破幼虫表皮吸食血淋巴。大、小蜂螨均无眼，由须肢及足上的感器执行感觉功能。

2）躯体　由 1 块背板、7 块腹板及 4 对足组成。背板覆盖整个背面，密布刚毛。腹板由 1 块胸板、1 块生殖腹板、2 块腹侧板、2 块足后板、1 块肛板组成。胸板位于颚体后方，略呈半月形，前缘与足基部相连。生殖腹板紧接于胸板之后，五角形，长 655 微米，宽 463 微米，生殖孔被此板块所覆盖。肛板位于生殖腹板后方，呈倒三角形，长 135 微米，宽 246 微米，肛孔位于肛板后半部。腹侧板位于第四对足基外侧，近三角形。足后板略呈三角形，板上有很多刚毛，位于腹侧板的后侧。气门特化成中空的盲管状结构，称为气门沟，1 对，是呼吸器官，具一纵向长缝，为进气口，内腔长有许多齿状结构，具有加大呼吸面积的功能，着生于腹面第三、第四对足的基部外侧，平时被第三、第四对足所覆盖。成螨与若螨有 4 对足，均粗短，每只足有六节，为基节、转节、腿节、膝节、胫节与跗节，跗节末端均有一爪垫，可伸缩如吸盘，无爪。

雄成螨与雌成螨的形态显著不同。较雌成螨小，体呈卵圆形，长 0. 88

毫米,宽0.72毫米。背板一块,覆盖体背的全部。背板上的刚毛末端不弯曲。螯肢较短,骨化弱。雄螨的不动趾退化,短小,动趾特化为生殖器官——导精趾,作用是把雄性生殖孔中排出的精包移入雌性生殖孔中。颚体的腹面结构与雌成螨相同。腹面各板块除肛板明显外,其余各板块骨化弱,界线不清。生殖孔位于第一对足基节间,凸出于板前缘。肛板盾形,刚毛3根,肛孔位于肛板之后半部,有密集的短小针状刚毛。足4对,第一对足较短粗,第二至四对足较长。跗节末端具钟形爪垫,无爪。

4. 生物学特点

在东方蜜蜂中,雌成螨只在雄蜂房内产卵;在西方蜜蜂中,雌成螨可寄生于成年蜂、幼虫和蛹体上。大蜂螨个体的生活史分为五个阶段,其各阶段的特点见表3-1。

表3-1 大蜂螨的生活阶段及特点

生活阶段	生理分期	主要活动	寄主
第一阶段	滞留期	蜂体上取食	成年蜂
第二阶段	卵黄形成前期	潜入巢房,僵状	5～7日龄幼虫至封盖前
第三阶段	首次卵黄形成期	苏醒,取食,产2粒卵	6～9.75日龄,前蛹
第四阶段	二次卵黄形成期	取食,又产3～5粒卵	9.75日龄至出房前
第五阶段	成熟、交配期	新螨交配,随蜂出房	成年蜂出房

尽管雌螨有产多粒卵的能力,但随卵产出时间的推后,卵发育成成螨的时间有限,存活的可能性也逐渐降低,因而封盖期的长短对育出的成螨数有极大影响。封盖期越长,育成螨数越多,成活率也越高。因此,寄生

在雄蜂房中要比寄生在工蜂房中成活率高，这与大蜂螨喜欢寄生雄蜂房的习性是一致的。由于海角蜜蜂工蜂的封盖期（11.1天）要比其他种的西方蜜蜂（如喀蜂工蜂的封盖期为12.1天）短，因此海角蜜蜂中的蜂螨寄生率较其他西方蜜蜂要低。

大蜂螨的生活史归纳起来可分为两个时期：一个是体外寄生期，一个是蜂房内的繁殖期。大蜂螨完成一个世代必须借助于蜜蜂的封盖子来完成。因此大蜂螨在我国不同地区的发生代数是有很大差异的。对于长年转地饲养和终年无断子期的蜂群，蜂螨整年均可危害蜜蜂。北方地区的蜂群，冬季有长达几个月的自然断子期，蜂螨就寄生在工蜂和雄蜂的胸部背板绒毛间、翅基下和腹部节间膜处，与蜂群的冬团一起越冬。

越冬雌成螨在第二年春季外界温度开始上升、蜂王开始产卵育子时从越冬蜂体上迁出，进入幼虫房，开始越冬代螨的危害。以后随着蜂群发展，子脾的增多，螨的寄生率迅速上升。据北京地区观察，大蜂螨自3月中旬蜂王产卵后即开始繁殖，到4月下旬，蜂螨的寄生率就可上升至15%～20%，寄生密度可达0.25螨／蜂。

大蜂螨的发育历期分别为：卵期20～24小时，前期若螨54～58小时，后期若螨82～86小时，雌螨的发育历期为7天，雄螨的发育历期为6.5天。

延伸阅读

成螨的寿命

成螨寿命因性别不同差异较大。雄螨寿命很短，只有0.5天左右，它在巢房内与雌螨交配后很快死去，因而在巢脾和蜂体上很难找到雄螨。雌螨的寿命较长，受季节影响较大。春夏繁殖期，雌螨寿命平均为43.5天，最长可达2个月；在冬季越冬期，雌螨靠自身储存的营养和吮吸少量蜂体的血淋巴在越冬蜂团上生活，寿命可达6个月以上。

5. 传播途径

蜂场内的蜂群间传播，主要通过带螨蜂和健蜂的相互接触。盗蜂和迷巢蜂是传染的主要因素。其次，病健群的子脾互调和子脾混用等不当操作也可造成场内螨害的迅速蔓延。另外，采蜜时有螨工蜂与无螨工蜂通过花的媒介也可造成蜂群间的相互传染。

大蜂螨远距离、跨国的传播是由蜜蜂的进出口贸易造成的。不同地区的螨类传播可能是蜂群频繁转地造成的。

6. 防治方法

通常采取化学防治、物理防治、综合防治等措施。

（1）化学防治　使用化学药物杀螨，要求药物对蜂螨毒力强，伤蜂少；对蜂产品污染小，对人无毒、无致畸、致癌作用。目前国外只有极少的杀螨药物获准在蜂群中使用，如氟胺氰菊酯、蝇毒磷等。

1）氟胺氰菊酯　又称马扑立克，国内俗称螨扑，由国外进口原药。为拟除虫菊酯类杀虫剂，有胃毒、触杀作用，残效期长。使药物依附于板条后，将板条挂于蜂路间，当成年蜂路过时触杀蜂体上的蜂螨，可用2周以上。由于杀螨持久，又省工省时，已成为目前国内主要的杀螨用药。

2）蝇毒磷　为有机磷杀虫剂，对双翅目昆虫有显著的毒杀作用，残效期长，对蜂安全，做喷雾剂使用。国外进口药。

3）甲酸　为熏蒸性药物，将封盖子脾脱蜂后，用平皿盛甲酸5毫升置于箱底集中熏蒸4～6小时。甲酸有腐蚀性，不可直接接触皮肤，使用时注意防护。

4）硫黄　硫黄燃烧能产生二氧化硫气体，能透过封盖杀死房内的螨。特别是繁殖期螨害严重的时候，子脾内存有大量的螨，用硫黄熏脾治螨，可以保住子脾。

硫黄杀螨的具体做法

将封盖子脾集中于空箱中，4～5个箱一叠，用报纸糊严箱外缝隙，底箱不放巢脾。在箱底放一块15厘米^{2}大小的瓦片，上面加上一折成波浪形的铁纱网，在网上放一棉花块，硫黄粉撒在棉花上，熏脾时点燃棉花四周，使硫黄燃烧成烟。要特别注意的是，过量的二氧化硫对蜜蜂子脾有伤害，因此，要严格控制硫黄用量及熏烟时间，一次投入硫黄粉不能超过25克，封盖子脾熏烟不超过5分，卵脾、虫脾熏烟不超过1分，可保存蜜蜂封盖子卵、虫80%～90%，使封盖房内大蜂螨消灭50%左右，小蜂螨全部死亡，然后再结合其他药物消灭寄生在成年蜂体上的大小成螨。

5）马拉硫磷　每箱用2克0.1%和5克0.05%的马拉硫磷进行喷治，对蜜蜂无任何副作用，蜂蜜很少有残留。在任何气温下均可使用。每隔2天治1次，连治4～5次，杀螨率可达98%。

此外，双甲脒等都可用于大蜂螨防治。苦楝素、冬青油等从植物中提取的杀虫、杀螨药，有望成为将来安全性较高的药物，但目前应用还不成熟。

（2）物理防治　根据蜜蜂比螨耐热的原理，将蜜蜂装在一个可转动的卧式圆形纱笼里，回旋加热到42～44℃，时间3～5分，可使蜂螨脱落。它的最大优点是不污染蜂产品，但费工费时。这种治螨方法已在日本、俄罗斯得到试用。

（3）综合防治　当蜂群内无封盖子时，蜂螨只能在成年蜂体上寄生。利用此特点，抓住群内无封盖子的时机或人为创造无子蜂群进行药物治螨，可达到事半功倍的效果。

1）断子治螨　利用蜂群越冬越夏前的自然断子期，或采用人工扣王断子的方法，使群内无封盖子和大幼虫，蜂螨无处藏身，完全暴露，选择药物连治3次，可取得良好的治螨效果。

2）繁殖期分巢治螨　当蜂群繁殖期出现螨害，可将蜂群的蛹脾和大幼虫脾带蜂提出，另组成无王群。蜂王、卵脾和小幼虫脾留在原箱，蜂群安定后，用药治疗。无王群可诱入王台，先用药物治疗1～2次，待新蜂全部出房后，再继续用药治疗1～2次，可达到治螨的目的。

3）切除雄蜂封盖子　利用蜂螨喜欢在雄蜂封盖子中寄生的特点，当蜂群内出现成片的雄蜂封盖子时，连续不断地切除雄蜂封盖子。也可以从无螨群调进雄蜂幼虫脾，诱引大蜂螨到雄蜂房内繁殖。通过不断地切除雄蜂封盖子配合药物的治疗，可以有效减轻螨害。

4）毁弃子脾　对于螨害严重的蜂群，多数蛹无法羽化，出房的亦残翅无用。可集中所有封盖子脾烧毁，再对原群进行药物治疗，并补充无螨老熟子脾，可以恢复蜂群生产力。

（二）小蜂螨

1. 分布

小蜂螨（*Tropilaelaps clareae*）属寄螨目厉螨科热厉螨属，俗称小螨（图3-4）。1961年首次在菲律宾的东方蜜蜂死蜂标本上发现，后在蜂箱附近的野鼠上也找到这种螨。小蜂螨分布范围比大蜂螨小，主要在亚洲一些国家发生，如菲律宾、缅甸、泰国、阿富汗、越南、巴基斯坦、印度、中国。非洲、美洲、欧洲和大洋洲均未见报道。在发生地区，小蜂螨常和大蜂螨一起危害西方蜜蜂。

图3-4　小蜂螨

寄主较广泛，已知可在东方蜜蜂、西方蜜蜂、大蜜蜂、黑大蜜蜂、小蜜蜂上寄生。

小蜂螨在我国发现的时间比大蜂螨略迟。1958年江西，在少量蜂群上发现有小蜂螨，1960年江西和广东开始出现小蜂螨危害成灾现象。此后小螨逐渐向其他地区传播蔓延，目前已遍及全国有蜂群地区。

2. 危害

小蜂螨主要寄生在老熟幼虫房和蛹房中，很少在蜂体上寄生。靠吸食幼虫和蛹的血淋巴生存，造成幼虫和蛹大批死亡或腐烂。个别出房的幼蜂也是残缺不全，体弱无力。封盖子房盖有时会出现小穿孔。小蜂螨繁殖速度比大蜂螨快，造成烂子也比大蜂螨严重，若防治不及时，极易造成全群烂子覆灭。

3. 形态特征

（1）卵　近圆形，腹部膨大，中间稍下凹，形似紧握拳头，卵膜透明，长 0.66 毫米，宽 0.54 毫米，经 15～30 分孵化为幼虫。

（2）幼螨　破壳而出的幼螨为椭圆形，体白色，3 对足，长 0.6 毫米，宽 0.38 毫米。经 20～24 小时后伸出第四对足，进入若螨期。

（3）若螨　若螨分为前期若螨和后期若螨。前期若螨呈椭圆形，乳白色，长 0.54 毫米，宽 0.38 毫米，体背有细小的刚毛，螯肢也逐渐形成。经 44～48 小时进入后期若螨。后期若螨为卵圆形，长 0.90 毫米，宽 0.61 毫米。经 48～52 小时进入成螨期。

（4）成螨　雌螨呈长椭圆形，浅褐色，前端略尖，后端钝圆，体长 0.97 毫米，宽 0.49 毫米。螯肢钳状，具小齿，钳齿毛短小，呈针状。背板覆盖整个背面，其上密布光滑刚毛。胸板马蹄形；生殖腹板棒状，前端紧接胸板，后端紧接肛板，长 596.7 微米，宽 117.5 微米；肛板前缘钝圆，后端平直，长 230 微米，宽 150 微米，具刚毛 3 根。气门沟前伸至基节 I、II 之间。气门板向后延伸至基节后缘。足 4 对。

雄螨呈卵圆形，淡棕色。体长 0.92 毫米，宽 0.49 毫米。螯钳具齿。导精趾狭长，卷曲。须肢叉毛不分叉，背板与雌螨相似。胸板、生殖腹板与足内板合并成全腹板，与肛板分离。肛板卵圆形，前端窄，后端宽圆，具 3 根刚毛。

4. 生活习性

小蜂螨主要寄生在子脾上，靠吸食幼虫和蛹的血淋巴生活，很少吮吸成年蜂的血淋巴，当一只幼虫或蛹被寄生死亡后，雌螨就从封盖房的穿孔中爬出，重新潜入其他幼虫房内繁殖。小蜂螨整个生活史几乎都在封盖房内完成，在蜂体上只能存活 2 天。在南方蜂群终年不断子地区，小蜂螨伴随子脾终年危害。北方地区，当蜂群停卵进入越冬阶段，小蜂螨转移到成年蜂体上越冬。

雌成螨选择即将封盖的 6 日龄幼虫为寄生对象。幼虫封盖后一天雌螨开始产卵。每只雌螨可产卵 4 粒，隔天 1 粒，产卵持续 4 天。

小蜂螨对光敏感，当巢脾对着光线时，它会从巢房中爬出来，在巢房间迅速爬动。

5. 传播途径

小蜂螨在蜂群间的传播主要是饲养管理不当造成的，如病健蜂群合并，子脾互调，蜂具混用以及盗蜂和迷巢蜂的活动。蜂场间的螨害传播可能是蜂场间距离过近、蜜蜂相互接触引起的，也可能是购买有螨害的蜂群造成的。

6. 防治方法

与大蜂螨防治方法相同。

（三）新曲厉螨

1. 分布

新曲厉螨（*Neocypholaelaps indica* Evans），属寄螨目厉螨科。

新曲厉螨 1963 年在锡兰的印度蜂体上发现。我国 1964 年在广西的意蜂上也采到此螨，后来在江西的中蜂体上也发现这种螨。已报道发现这种螨的还有斯里兰卡及我国的广东和四川。

2. 危害

寄主主要是意蜂、中蜂和印度蜂，也可寄生在鳞翅目、膜翅目、双翅目的昆虫体上。另外在植物花上也可找到这种螨。

新曲厉螨对蜜蜂的危害程度目前还不清楚。在广西 3 ~ 4 月紫云英花期，蜜蜂体上附着大量的螨，借助蜜蜂进行扩散。由于螨的数量大，从而影响蜜蜂的采集，继而导致行为的异常。

3. 形态特征

成螨中雌螨卵圆形，长 549 微米，宽 397 微米。螯肢粗短，螯钳具小齿，钳齿毛膨大，末端收缩而弯。头盖前缘呈锯齿状。

背板几乎完全覆盖背面，长约 538 微米，宽约 376 微米，具 29 对细小的刚毛。胸板长 70 微米，宽 126 微米。前缘呈双峰状凸出，板上具刚毛和隙状器各 2 对。第三对胸毛位于游离的小骨板上。肛板呈横椭圆形，长、宽分别为 101 微米和 155 微米，具 3 根等长的刚毛。肛孔位于肛板中央。腹部表皮在基节 IV 之后，具刚毛 6 对。气门沟向前延伸至背板前端的粗刚毛，气门板较宽阔，其后缘略超过基节 IV 之后缘，足 4 对。

4. 生活习性

新曲厉螨只短期附着在蜜蜂上，不取食蜂体血淋巴。它的生活史可能在花上完成，以花粉为食。据莫乘风（1975）报道，在香港螨可在 36 种植物的花上找到，特别喜欢栖息于椰子树和槟榔树上。成螨的寿命因性别、营养和环境中的水分不同而有差异。在同一条件下，雌螨比雄螨寿命长。

5. 防治方法

由于新曲厉螨不取食蜂体血淋巴，只是干扰蜜蜂的采集，因而对蜂群影响不大，一般结合大、小蜂螨的防治，无须专门用药防治。

（四）武氏蜂盾螨

武氏蜂盾螨（图3-5）又称气管螨，寄生在成年蜂的气管和气囊里。蜜蜂气管螨是一种世界性寄生虫，20世纪初首先在英国被发现。1980～1982年曾导致美国北部蜂群大量死亡，损失率达90%。感染较重的蜂群，幼虫区减少，群势下降，越冬蜂团小而松散，越冬饲料消耗增加，蜂群产量下降，最后蜂群弃巢而逃。在亚热带地区，气管螨种群在冬季增长，夏季衰落。据报道，除了瑞典、挪威、丹麦、新西兰、澳大利亚和美国外，只要从欧洲引进过种王的国家都有该病的发生。中国是一个进口西方蜜蜂种王频繁的国家，但还没有气管螨危害的相关报道，估计由于其诊断困难、解剖程序操作烦琐，或危害程度较轻等原因还没引起足够重视，因此，加强对中国气管螨的调查和研究具有重要的意义。

图3-5　武氏蜂盾螨

气管螨整个生活周期都在成年蜂气管里度过，除了在搜寻新寄主时才会暂时离开气管。由于其后代不能在老龄蜂气管内完成发育，所以老龄蜂对气管螨的吸引力较小，当寄主蜜蜂超过 13 日龄，尤其在 15 ~ 25 日龄时，气管螨便开始伺机寻找新寄主，它们首选刚出房的幼蜂寄生。成螨偶尔也会在成年蜂腹部、头部的气囊内以及翅基部产卵，如果其寄生在这些部位则通常会导致病蜂后翅脱落，呈"K"形翅。气管螨暴露于气管外时，对干燥和饥饿很敏感，成活与否和环境的温、湿度及自身的营养状态密切相关，如果在几小时内没有找到适宜的寄主便会死亡。

气管螨的诊断

气管螨肉眼不可见，这给诊断工作带来很大的困难。蜂农通常根据群势下降、"K"形翅等来诊断，但是这些症状均不可靠，唯一可信的诊断方法是对病蜂气管进行解剖观察。解剖时要求是新鲜或冷冻的标本，由于乙醇会使气管组织变黑而不易观察，所以标本不宜保存在乙醇里。气管染色法需要反复操作，诊断较费时，一种较简便的方法是用豆浆搅拌机来粉碎蜜蜂胸部，使充有气体的气管漂浮在上面，然后收集表面残渣来诊断该螨的感染情况。也可以使用 ELISA 检测技术进行血清学诊断。另一种较快捷的方法是直接将蜜蜂胸部捣成匀浆，然后通过薄层层析法分析查看是否有鸟嘌呤残基的出现，因为鸟嘌呤残基是气管螨的代谢产物，这种方法已得到一些研究者的肯定和支持。

蜜蜂和气管螨都属于节肢动物，很多基本的生理学过程也很相似，所以要找到一种适合的具有挥发性的化学药物比较困难。美国唯一授权的蜜蜂气管螨药薄荷醇晶体，是从野生薄荷属植物上提取获得，然而在外界温度较低时，薄荷醇晶体挥发量少而达不到治疗效果，但温度过高时，挥发量过大，对蜜蜂产生趋避作用。可采用阿米曲士或甲酸对气管螨进行化学防治。另一种比较安全的生物防治法是在巢框上放一块植物油制的糖饼，通过植物油挥发的气味干扰雌螨搜寻新寄主，从而有效保护幼蜂不被侵染。防治气管螨最有效的方法还是培养抗螨蜂种，现已发现有几个蜜蜂亚种对该螨产生抗性，如布克法斯特蜂，其蜂王已被商业化饲养和出售。研究还表明，只要具有清理行为的蜜蜂通常会表现出较高的抗螨性。

（五）柯氏热厉螨

柯氏热厉螨（*Tropilaelaps koenigerum*）属寄螨目厉螨科。成螨雌体卵圆形，浅褐色，长 684～713 微米，宽 433～456 微米。

背板轻度骨化，带有网纹和覆盖许多短的刺状毛。体后缘的毛比背毛长且粗壮。螯肢的足趾端部具二齿，动趾端部钩状，亚端部有一小齿。须肢趾节短粗，光滑，不分叉，胸叉具有两个细丝状的内腭片。胸板在基节Ⅲ水平处成拱形，在基节Ⅲ中部水平处后侧角与胸后板结合。生殖板强烈骨化，尤其中部明显。

雄体也呈卵圆形，体长 570 微米，宽 364 微米。背板轻度骨化，具有与雌虫相同的网纹和毛序。螯肢粗短，螯钳足趾的端部具两齿，动趾有变化，起导精趾作用，靠近基部有齿，端部为细的猪尾状环结形但不为螺旋形，须肢趾节与雌虫同。胸叉基部矩形。全腹板骨化完全，中部尤为明显，具有网状纹，后部成为片状的刻纹。

若螨体末硬化，背毛和腹毛细，须肢趾节粗壮与成螨相似。螯肢足趾的端部具两锐齿，动趾细小，顶端尖锐。除柔弱的肛板外，腹部各板均未形成，足部的毛细弱，数目少，各足爪退化，爪垫缩小。

柯氏热厉螨与小蜂螨同属，首次在斯里兰卡的大蜜蜂体上找到。除了大蜜蜂外，柯氏热厉螨还可寄生于黑色大蜜蜂上。

柯氏热厉螨为新描述寄生螨，有关它的生活史、习性及防治方法目前尚无报道。

（六）巢蜂伊螨

巢蜂伊螨（*Melittiphis alvearius* Berlesc）属寄螨目厉螨科（图3-6）。

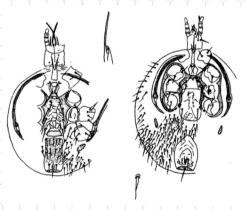

图3-6 巢蜂伊螨

雌成螨卵圆形，褐色，长、宽分别为0.79毫米和0.68毫米，背腹扁平，几丁质化程度高，着生许多粗壮刚毛。口器较小，着生于身体较尖锐的前腹面边缘。

雄螨比雌螨虫小，体色浅，长、宽分别为0.5毫米和0.47毫米。螨的幼虫期尚未发现，卵的形态也不清楚。

巢蜂伊螨不是专性寄生种，通常生活在蜂箱里。它的取食习性尚未观察到，可能取食节肢动物的卵。

巢蜂伊螨1896年首次在意大利蜂箱内查到，后在英国、欧洲大陆、新西兰的意蜂箱和在加拿大来自新西兰的笼蜂上找到。

巢蜂伊螨除生活在蜂箱和附在蜂体上外，其危害性尚不清楚。

（七）真瓦螨

真瓦螨（*Euvarroa sinhai* Delfinado et Baker），属寄螨目瓦螨科。真瓦螨1974年首次由菲律宾 M. D. 德尔芬纳多和美国 E. W. 贝克在小蜜蜂蜂巢内发现。美国人 P. 阿克拉坦纳库尔和 M. 伯吉特进一步证实真瓦螨是小蜜蜂幼虫的外寄生螨，而且仅寄生于雄蜂幼虫，在雄蜂幼虫封盖巢房内繁殖。1987年，印度人 R. C 希哈在本国的意蜂上也发现了真瓦螨的寄生，但对意蜂并不构成威胁。雌螨一般随雄蜂羽化出房，寄生于雄蜂胸部、胸侧片和胸腹节之间（图3-7）。

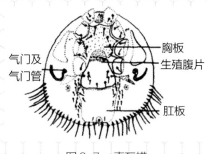

图3-7　真瓦螨

真瓦螨分为卵、幼虫、前期若虫、后期若虫和成虫5个虫态。雌成螨棕色，阔梨形，体长1.04毫米，宽1.00毫米。幼虫在卵内形成，蜕皮后破卵而出，成为前期若虫。

真瓦螨是蜜蜂的一种次要螨，对养蜂生产危害不大，有关其生活史及习性尚无报道，没必要对其防治。

二、昆虫类敌害

（一）大蜡螟

1. 分布

大蜡螟（*Galleria mellonella*）俗称大巢虫（图 3-8），是一种很常见的鳞翅目害虫，属螟蛾科（Pyralidae）蜡螟亚科（Galleriinae）。大蜡螟属世界性害虫，几乎遍及全世界的养蜂地区。它的分布主要受气候的限制。寒冷的地区，大蜡螟生活受限，分布少，危害很小。而在气候温暖的地区，大蜡螟繁殖容易，分布广，危害较严重。

图 3-8　大蜡螟

2. 危害

大蜡螟的危害主要包括两方面：一方面是对仓储巢脾、蜂箱、花粉等的危害，另一方面是对蜂群的危害，其中主要是东方蜜蜂蜂群受害严重。大蜡螟只在幼虫期危害，其幼虫主要以含蜂蜡的产品为食料，如巢脾。由于西方蜜蜂的饲养过程中有大量的巢脾需要储存待用，而在储存过程中却容易受到大蜡螟的侵袭。如果未得到及时处理，大蜡螟会很快将大量的储存巢脾吃个干净。受害的巢脾，脾面凹凸不平，许多巢脾因此而失去了使用的价值，影响了蜂群的生产繁殖。储存的巢蜜和花粉也可能受到大蜡螟侵袭而丧失其商品价值。当老熟幼虫将要化蛹时，会用上颚在巢框或蜂箱等木质的蜂具上咬出小槽或钻蛀其中吐丝结茧，而使蜂具损坏。

对于蜂群来说，东方蜜蜂受害远较西方蜜蜂严重。由于西方蜜蜂有较强的护脾和清巢能力，大蜡螟很少造成危害，除非是一些弱小群或无王群。东方蜜蜂护脾力差，不论蜂群大小都可能受到相当严重的侵袭。由于大蜡螟幼虫在子脾底部蛀食，工蜂为驱逐大蜡螟幼虫而咬开封盖子房盖，蜂群中大量封盖子被开盖呈"白头蛹"状，封盖子因此而损失，群势迅速下降，最终导致蜂群死亡或逃亡。大蜡螟的危害是东方蜜蜂蜂群逃亡的主要原因之一。

大蜡螟危害给全世界
专业养蜂者造成的损失

由于大蜡螟的危害，每年都给全世界专业养蜂者造成严重的损失。据调查，美国由于大蜡螟造成的损失，1973 年间达 300 万美元以上，1976 年约 400 万美元，蜡螟造成的损失接近美幼病所造成的损失。在美国得克萨斯州，估计每年被大蜡螟毁掉巢脾的蜂群接近总群数的 5%，达 1.4 万群。在南非，大蜡螟的危害是造成塞内加尔蜂群逃亡的一个重要原因。只要蜜蜂数量减少到足以暴露巢脾，蜡螟的滋生将不受阻碍。在菲律宾群岛，大蜡螟也出现在野生蜂群和大蜜蜂、小蜜蜂遗弃的巢脾，并大量繁殖，造成年蜂群经常性的逃亡。

大蜡螟给我国养蜂业造成的损失虽无统计，但中蜂饲养者大都有较深的感受。据徐祖萌等 1979 ~ 1980 年对贵州锦屏县的中蜂群进行调查，结果显示受大蜡螟危害的蜂群占全县总群数 3/4 以上，其危害致逃的蜂群数量占逃亡总群数的 90% 左右。大蜡螟只在幼虫期取食巢脾，危害蜂群封盖子，经常造成年蜂群内的"白头蛹"，严重时白头蛹可达 80% 以上的子脾，勉强羽化的幼蜂也会因房底的丝线困在巢房内。

3. 形态特征

大蜡螟是全变态昆虫，一生要经历卵、幼虫、蛹、成虫四个阶段。

（1）卵　卵的形状与卵块所产的位置有关，在缝隙中的卵一般呈扁圆形，直径 0.3 ~ 0.4 毫米，但若在开放场地产的卵则不太规则，多数呈圆球形。卵表面不光滑，在放大镜下可见表面有刻纹。卵浅黄色，有的呈粉红色；快孵化的卵呈暗灰色。卵块一般为单层，卵粒紧密排列。雌蛾后期产的卵分散，形状多样。

（2）幼虫　初孵幼虫头大尾小，呈倒三角形；灰白色。2 龄以后，虫体呈圆柱形，浅黄色。老熟幼虫体长可达 28 毫米，重量可达 240 毫克。

（3）蛹　幼虫在茧中化蛹。茧通常是裸露，白色；常有许多茧并列在一起，形成茧团。茧长 12 ~ 20 毫米，直径 5 ~ 7 毫米。常在箱底和副盖处结茧。

（4）成虫　雌蛾体大，平均重可达 169 毫克，体长 20 毫米左右。下唇须一对，水平向前延伸，使头前部呈短喙状突出。前翅的前端 2/3 处呈均匀的黑色，后部 1/3 处有不规则的灰色和黑色区域。前翅顶端外缘较平直。从背面看，胸部与头部色淡。

雄蛾体较小，重量也较轻。下唇须紧贴额部，故头前部不呈短喙状突出，而呈圆弧形。体色比雌蛾淡，前翅顶端外缘有一明显的扇形内凹区。雌、雄蛾的大小和颜色深浅，随幼虫期食料的变化很大。蜡质巢础培育出的二性蛾，颜色呈银白色，而以虫脾为食的蜡螟则呈褐色、深灰色或黑色。若幼虫饲料不好，培养出的成虫个体很小。

4. 生物学特点

（1）生活史　大蜡螟从卵到成虫需 2 个月左右的时间；若发育条件不佳，则可长达 6 个月之久。年世代数受气温影响很大，在福建福州、贵州锦屏，室内以旧巢脾饲养，大蜡螟一年发生 3 代，且有世代重叠现象；而在广州可发生 5 代。在福州，到 11 月底，室内饲养的大蜡螟开始以老熟幼虫越冬，要到翌年的 3 月底才开始羽化。若将其放入温箱中饲养，则可打破越冬期，周年繁殖。

（2）习性　羽化出来的雌蛾，一般经过 5 小时以上才能交尾。最短可在羽化后 1.5 小时即可交尾。一般在夜间交尾，但白天亦可进行。交尾前，雄蛾不停地扇动翅膀追逐雌蛾。成虫可交尾 1～3 次，每次交尾历时几分，长的可达 3 小时。

交尾后，雌蛾产卵寻找合适的场所产卵。雌蛾喜在 1 毫米以下的缝隙间产卵，蜂箱体上有许多这样的缝隙，这有利于保护卵不受其他动物的侵害。雌蛾也可在开放性的场所产成片的卵块，如蜂箱内外表面的破损处。成虫在白天常静处不动；室内饲养的成虫对黄昏或黎明两时段反应强烈，表现出激烈的振翅、飞翔、跑动等行为。据报道，这两时段是成虫进出蜂群的主要时间。

羽化后的成虫无须取食。多数在羽化后 4 ～ 10 天内才开始产卵。产卵期平均 3.4 天。产卵量 600 ～ 900 粒，个别可产 1 800 粒卵。雌蛾寿命在 3 ～ 15 天，在 30 ～ 32℃条件下，多数交尾过的雌蛾会在 7 天内死亡。

卵期一般 6 ～ 9 天。在 29 ～ 35℃范围内，温度越高，发育越快。在 18℃下卵的孵化期可延至 30 天。湿度对卵的孵化影响也很大。相对湿度高于 94％，卵易发霉；低于 50％时卵易干枯，最适相对湿度为 60％ ～ 65％。

幼虫期一般 45 ～ 63 天，共 6 ～ 8 龄。幼虫发育最低温度为 18℃，最适温度为 30 ～ 35℃，相对湿度 80％有利于幼虫发育。初孵幼虫活泼，爬行迅速，2 龄以后的幼虫活动性明显减弱。在中蜂群中，幼虫有上脾危害的习性。初孵幼虫个体小且爬行迅速，工蜂对其明显无反应，上脾率可高达 90％。上脾的幼虫以巢脾为食，1 ～ 2 龄幼虫食量小，且可在巢脾中隔钻蛀，对蜂幼虫影响不大；3 ～ 4 龄食量大，在巢脾底部钻蛀隧道，蜜蜂已能觉察，故咬开封盖子的房盖，拖出蜂蛹，驱逐大蜡螟幼虫，未及时拖走的蜂蛹则呈"白头蛹"状，使蜂蛹大量损失。5 ～ 6 龄幼虫个体大，易被工蜂咬落箱底，不再上脾。由于工蜂不断咬开巢脾以驱逐大蜡螟幼虫，使受害的巢脾脾面凹凸不平，尤其老脾更是如此。

大蜡螟幼虫的取食及结茧

大蜡螟幼虫抗饥饿能力很强，在食物短缺的情况下，也能长期存活，不过幼虫无法长大。当食物短缺而同居的幼虫较多时，幼虫会变成肉食性，互相争斗，取食同类。在无蜂护脾的情况下，幼虫可取食蜂群里除蜂蜜外的所有蜂产品，特别嗜好黑色巢脾。在巢础等纯蜂蜡制品上，幼虫是无法完成生活史的。

老熟幼虫停止取食后，寻找适宜的场所结茧。幼虫在巢框、箱体表面挖槽或钻入其中结茧，许多幼虫喜欢集结在巢脾中央、箱体边角处结茧；茧团中少则几十，多则有成百只茧，茧呈圆柱形。前蛹期的幼虫体显著缩小，体色加深。通常以老熟幼虫越冬。

5. 防治方法

由于大蜡螟幼虫主要是在有蜂子的巢脾上危害和藏匿，因此用一般的药物难以处理，且还有污染蜂产品的危险。根据大蜡螟的生活习性，应采取"以防为主，防治结合"的方针，在饲养管理上采取适当措施，可遏制其发生发展。

第一，经常清理箱底蜡屑、污物，防止蜡螟幼虫滋生。

第二，结合中蜂喜爱新脾的特点，及时造新脾更换老旧脾，利用新脾恶化其食物营养，阻止其生长发育。

第三，旧脾及时化蜡处理，蜂场中不随意放置蜡屑、赘脾，以防大蜡螟滋生。

第四，保持强群，调整群势，做到蜂多于脾或蜂脾相称，加强护脾能力，阻止幼虫上脾危害。

第五，扑杀成蛾与越冬虫蛹。当子脾中出现少量"白头蛹"时，可先清除"白头蛹"，寻找房底的大蜡螟幼虫，加以挑杀。若"白头蛹"面积过大，可提出暴晒或熔蜡处理。

第六，防治病虫害，避免群势过弱而易受侵害。

第七，生物防治。将苏云金杆菌的芽孢晶体 1 : 1 混合加入蜂蜡中，可起到有效的防治作用。

第八，使用框耳阻隔器，防止小幼虫上脾危害也有一定效果。

（二）胡蜂

胡蜂隶属膜翅目（Hymenoptera）胡蜂科（Vespidae）（图 3-9），危害蜜蜂的主要是胡蜂属的种类。

图 3-9　胡蜂

1. 分布

胡蜂呈世界性分布。我国南部及东南亚一带种类较多，危害也较重。据记载，我国胡蜂属有 14 个种和 19 个变种。捕杀蜜蜂的胡蜂常见的有：金环胡蜂（*Vespa mandarinia mandarinia* Smith）、黑胸胡蜂（*Vespa velutina nigrithorax* Buysson)、黑盾胡蜂(*Vespa bicolor bicolor* Fabricius)、基胡蜂(*Vespa basalis* Smith)、黑尾胡蜂(*Vespa ducalis ducalis* Smith)、黄腰胡蜂(*Vespa affnis* Linnaeus)。此外,还有黄边胡蜂(*Vespa crabro crabro* Linnaeus)、凹纹胡蜂(*Vespa velutina auraria* Smith)、大金箍胡蜂(*Vespa tropica leefmansi* van der Vecht)、小金箍胡蜂(*Vespa tropica haematodes* Bequaert)等种类。

2. 危害

在我国南方,自4～5月起,胡蜂就陆续开始捕食蜜蜂,到天气炎热的8～10月,胡蜂危害最为猖獗,常常造成蜜蜂越夏困难。在山区,胡蜂种类和数量较多,蜜蜂被害也较严重。像黑胸胡蜂体型大小的中小型胡蜂一般不敢在巢门板上攻击蜜蜂,而是常在蜂箱前1～2米处飞行,寻找捕捉机会,抓捕进出飞行的蜜蜂;而像金环胡蜂和黑尾胡蜂大小的胡蜂,除了在箱前飞行捕捉外,还能伺机上巢门口处直接咬杀蜜蜂,若有多只胡蜂,还可攻进蜂群中捕食,造成全群飞逃。中蜂受到攻击后尤其容易发生飞逃。全场蜂群均可能受害,外勤蜂损失可达20%～30%。

3. 形态特征

(1)金环胡蜂 体大型,雌蜂体长30～40毫米。头宽大于复眼宽,头部橘黄色至褐色,中胸背板黑褐色,腹部背腹板呈褐黄与褐色相间。上颚近三角形,橘黄色,端部处呈黑色。雄蜂体长约34毫米。体呈褐色,常有褐色斑。可根据头部大小和腹部背板颜色特征做简易识别。

(2)黑胸胡蜂 体中小型,雌蜂体长约20毫米。头宽等于复眼宽。头部呈棕色,胸部均呈黑色。腹部1～3节背板均为黑色,5、6节背板均呈暗棕色，上颚红棕色，端部齿呈黑色。雄蜂较小。可根据头部大小和胸部颜色特征做简易识别。

（3）黑盾胡蜂　体中小型，雌蜂体长约21毫米。头宽等于复眼宽，头部呈鲜黄色，中胸背板呈黑色，其余呈黄色，翅为褐色，腹部背腹板呈黄色，并在其两侧均有一个褐色小斑。上颚鲜黄色，端部齿黑色。雄蜂体长24毫米，唇基部具有不明显突起的两个齿。可根据蜂体除中胸背板外通身鲜黄的特点来识别。

（4）基胡蜂　体中型，成虫雌蜂体长19～27毫米。头部浅褐色。中胸背板黑色，小盾片褐色。腹部除第二节黄色外，其余均为黑色。上颚黑褐色，端部4个齿。可根据腹部颜色做简易识别。

（5）黑尾胡蜂　体中到大型，成虫雌蜂体长24～36毫米。头宽略大于复眼宽，头部橘黄色。前胸与中胸背板均呈黑色，小盾片浅褐色。腹部第一、第二节背腹板褐黄色，第三至第六节背腹板呈黑色。上颚褐色，粗壮近三角形，端部齿黑色。可根据头部大小和腹部颜色做简易识别。

（6）黄腰胡蜂　成虫雌蜂体长20～25毫米。头部深褐色。中胸背板黑色，小盾片深褐色。腹部除第一、第二节背腹板黄色外，第三至第六节背腹板均为黑色。上颚黑褐色。雄蜂体长25毫米，头胸黑褐色。可根据腹部颜色特征做简易识别。

4. 生物学特点

由于胡蜂均为野生，观察和研究有一定难度，因此到目前为止，胡蜂的许多生物学资料还不够细致完整。下面仅就一些已知的特性做些介绍。

（1）生活史　据观察，福建南部山区黑盾胡蜂1年可发生5～6代，东部地区的黑胸胡蜂 1 年 4 ~ 5 代。由于种类及气候的差异，各地的胡蜂世代数可能会有所不同。

（2）习性　每个胡蜂群至少有蜂王和工蜂，雄蜂只在交配季节出现，这与蜜蜂相似。每一只越冬后的蜂王都独自营巢，承担巢内外的一切工作，包括筑巢、产卵、捕食、哺育等。新工蜂出房后，开始承担除产卵以外的工作，一些卵巢发育的雌性蜂交配后可发育成新的产卵王，与老王一起产卵。雄蜂是由蜂王产的未受精卵发育而来的。在交尾季节，一个蜂群中可能出现上百只的雄蜂，可能与雌蜂数量不相上下。据报道，黑胸胡蜂的雄蜂可与同巢或异巢的少数雌蜂交尾，亦可与同代或母一代雌蜂交尾，交尾后不久陆续死亡。最后一代的雌蜂交尾后，寻找暖和、气温较稳定且干燥避风的屋檐下、墙洞裂缝、树洞孔隙等处越冬。黑盾胡蜂、黑胸胡蜂和基胡蜂通常弃巢集结越冬。

胡蜂营巢地点各不相同，一般在冬暖夏凉、温湿度适宜而又较隐蔽的场所营巢。有的在大树洞内或在屋檐下、小灌木上、高大的树干和电杆上营巢，如黑胸胡蜂、黑盾胡蜂、黑尾胡蜂；有的在土洞中筑巢，如金环胡蜂。蜂巢外都有一虎斑纹的外壳包裹，巢内巢脾单面，巢口向下，可有数层巢脾，脾数依蜂群大小不同。巢房六角形，房底较平。

胡蜂是杂食性昆虫，但山区的蜜蜂是其主要的捕食对象，特别在食物短缺季节，更集中捕杀蜜蜂。据观察，在有东方蜜蜂和西方蜜蜂的蜂场里，胡蜂更偏向进攻西方蜜蜂。若有两种胡蜂存在，个体较大的胡蜂进攻西方蜜蜂；个体小的胡蜂则捕杀东方蜜蜂。

5. 防治方法

（1）"毁巢灵"防除法　将约1克的"毁巢灵"药粉装入带盖的广口瓶内，在蜂场用捕虫网网住胡蜂后，把胡蜂扣进瓶中，立即盖上盖，因其振翅而使药粉自动敷在身上，稍停几秒后迅速打开盖子，放其飞走。敷药处理的胡蜂归巢后，自然将药带入巢内，起到毒杀其他个体的作用。此法称为自动敷药法，简单快速，但药量不定。亦可用人工敷药器，给捕捉到的胡蜂胸背板手工敷药，此法用药位置和药量均较准确，但操作时间较前者长些。

胡蜂巢距离蜂场越近，敷药蜂回巢的比例就越大，反之越少。处理后归巢的胡蜂越多，全巢胡蜂死亡就越快。采用自动敷药法，一般在敷药处理后1～3小时，胡蜂出勤锐减，大多数经1～2天，最长8天全巢胡蜂中毒死亡，遗留下的子脾也中毒或饥饿而死。由于胡蜂巢的远近不明，最好能多处理一些或两种方法兼用，才能保证有一定数量的敷药蜂回巢，确保达到毁除全巢的效果。

（2）人工扑打法　当蜂场上发现有胡蜂危害时，可用薄板条进行人工扑打。

（3）诱引捕杀法　用少量敌敌畏拌入少量咸鱼碎肉里，盛于盘内，放在蜂场附近诱杀。日本学者Okada（1980）曾使用杀蟑螂的粘虫纸放在蜂场，先在纸上粘上一只已死的胡蜂，可诱引其他胡蜂，被粘上的胡蜂还有互相咬食的现象。

（4）巢穴毒杀法　已知胡蜂巢穴的，在夜间用吸饱农药的布条或棉花塞入巢穴，可以毁掉整群胡蜂。

（5）防护法　胡蜂危害时节，在蜜蜂巢口安上金属隔王板或毛竹片，以防胡蜂侵入。

（三）蚂蚁

蚂蚁是人们非常熟悉的昆虫，是蜜蜂的常见敌害之一（图3-10），属膜翅目的蚁科（Formicidae）。

图3-10　蚂蚁

1. 分布

分布极广，以高温潮湿地区分布最多，全世界已知有5 000多种。在我国，攻击危害蜜蜂的常见种类有大黑蚁和棕色黄家蚁。国外报道的种类还有，分布于欧洲、北美洲等地的红褐林蚁等，分布于美国、印度、英国等地的丝蚁、火蚁等。

2. 危害

尽管蚂蚁个体小，但其数量众多，捕食能力很强。蜂群前或蜂箱内总是能见到蚂蚁的活动。有的是在蜂巢内外寻找食物，有的则在蜂箱内或副盖上建造蚁巢。蜂群由于受到蚂蚁的攻击而变得非常暴躁，易蜇人，给蜂群管理造成很多麻烦。由于蚂蚁经常性的骚扰，还可能导致蜂群弃巢飞逃。

3. 形态特征

蚂蚁是全变态社会性昆虫。蚁群中有细致的分工，有雌蚁、雄蚁、工蚁、和兵蚁4种。工蚁上颚发达，无单眼。膝状触角，柄节特长。胸腹间有明显的细腰节。雌蚁和雄蚁有翅两对。蚁体多呈黄色、褐色、黑色或橘红色。由卵至成虫要经历卵、幼虫、蛹、成虫四个阶段。幼虫白色，无足；化蛹于茧中。

4. 生物学特点

常在地下空洞、石缝等地营巢，食性杂，有储食习性。喜食带甜味或腥味的食物。工蚁嗅觉灵敏，找到食物后，靠分泌的示踪激素给其他成员指示路线和传递信息。有翅的雌雄蚁在夏季飞出交配，交配后雄蚁死亡，雌蚁脱翅，寻找营巢场所，产卵育蚁。一个蚁群工蚁可达十几万只。

5. 防治方法

（1）拒避法　将蜂箱放在钉好的木桩上，在木桩周围涂上凡士林、沥青或加有滴滴涕的润滑油等黏性物，可防止蚂蚁上蜂箱。用氟化钠、硼砂粉、粉状硫等也可以拒避蚁类侵入。若有铁架为箱架，可用废旧的矿泉水瓶的底部盛水后放在四个架脚底下，亦可防止蚂蚁上箱。

（2）捣毁蚁巢　找到蚁穴后，用火焚毁或用煤油或汽油灌入毒杀。

（3）药剂毒杀　在蚁类活动的地方，可用氯丹施用于土壤上，可杀死蚂蚁。也可采用硼砂、白糖、蜂蜜的混合水溶液做毒饵，可收到良好的诱杀效果。

此外，清除蜂场周围的灌木、烂木和杂草也可减少蚂蚁筑窝。

（四）蜂虱

1. 分布

蜂虱并不是真正的虱子，而是双翅目蜂虱蝇科（Braulidae）的一种高度特化的无翅蝇（图 3-11）。*Braula* 属据知有 5 个种和 2 个亚种。*Braula coeca coeca* Nitzsch 分布在欧洲、非洲、澳大利亚和美国；*B. c. angulata* Orosi 广泛分布在南非的纳塔耳、津巴布韦的罗德西亚南部和意大利；*B. schmitzi* Orosi 分布于亚洲、欧洲和南美洲；*B. orientalis* Orosi 分布于俄罗斯、土耳其，阿拉伯国家和以色列；*B. pretoriensis* Orosi 则分布于南非、坦桑尼亚和刚果共和国等；*B. kohli* Schmitz 分布于刚果共和国。

图 3-11　蜂虱

我国尚未发现蜂虱，为检疫性虫害。

2. 危害

蜂虱常栖息于工蜂和蜂王的头部，胸部和腹背的绒毛处。它们并不吸取蜜蜂的血淋巴，但在工蜂和蜂王头部处分食蜜蜂的饲料，使蜂烦躁不安，体质衰弱，蜂王产卵力下降，从而导致群势削弱和采集力下降。严重时，也可造成蜂群死亡。

3. 形态特征

成虫无翅，体长 1.5 毫米，宽 1 毫米。体扁平，红褐色，具有稠密的黑色绒毛。头扁，呈三角形；触角小，三节，生于吻基部但不易见。腹部卵圆形，5节。足3对，腿节粗，跗节末端有齿状梳，用于抓住蜂体。幼虫椭圆形，乳白色，行动活泼。卵椭圆形，乳白色，长0.77毫米，宽0.37毫米。

4. 生物学特点

雌性蜂虱产卵于半封盖房封盖下、房壁、蜡屑以及蜂箱的缝隙中。幼虫孵出后，就在蜡盖下穿蛀隧道，不断取食蜂粮和蜂蜜，末龄幼虫就在隧道末端化蛹。成虫羽化后，会从隧道钻出巢脾表面，用梳状的爪抓住蜂体，并常聚集在蜂王体上。当蜂王接受工蜂饲喂时，蜂虱常从蜂体胸腹爬向头部，在张开的上颚和下唇旁获取食物，或在蜜蜂中唇舌腔底获取涎腺分泌物。从卵到成虱需要16～23天。

蜂虱在蜂群间的传播，主要是通过蜜蜂间相互接触传染，如盗蜂、迷巢蜂以及随意调换巢脾等。而蜂虱的远距离传播，则主要通过蜂群、蜂王的出售以及蜂群的转地饲养等。

5. 防治方法

饲养强群，经常淘汰陈旧巢脾；切除蜜盖，并立即化蜡处理；受害严重的蜂群用药物熏杀，可采用茴香油、烟叶等药治疗。

（五）驼背蝇

1. 分布与危害

驼背蝇（*Phora incrassata* Meisen）是双翅目蚤蝇科（Phoridae）的一种（图3-12），主要危害蜜蜂幼虫，在我国偶尔有危害蜜蜂的情况发生，不是重要的敌害。

图 3-12　驼背蝇

2. 形态特征

体黑色，胸部大而隆起，个体较小，体长 3 ~ 4 毫米。腹部可见 3 节。卵暗红色。幼虫蛆形。

3. 生物学特点

成蝇从巢门潜入箱内，在较老熟的幼虫体上产卵。卵约 3 小时后孵化，幼虫咬破蜜蜂幼虫的体壁，进入体内取食体液。经过 6 ~ 7 天后，幼虫就离开寄主尸体，咬破房盖，爬出巢房，潜入箱底脏物中或土中化蛹。蛹期12 天。

4. 防治方法

加强蜂群的饲养管理，经常保持蜂多于脾或蜂脾相称，以抵御驼背蝇的侵入；经常保持蜂箱内的清洁卫生，随时将箱底的脏物清除烧毁。

（六）芫菁

1. 分布

芫菁（图 3-13）俗称地胆，造成的病害也称地胆病。芫菁属鞘翅目芫菁科（Meloidae），常见危害蜜蜂的有两种：复色短翅芫菁（*Meloe variegatus* Donovon）、曲角短翅芫菁（*M. proscarabaeus* L.），分布在北美洲、欧洲及亚洲。我国安徽、新疆、黑龙江等地有过危害报道。此外 *M. cavensis*，*M. hungarus*，*M. faveolatus* 等种类也有侵害蜜蜂的记录。

2. 危害

该病是一种季节性病害，常在芫菁幼虫出现的时节发生，即每年 5 ~ 6 月，有时在 7 ~ 8 月。以复色短翅芫菁危害较重。成虫植食性，不危害蜜蜂；幼虫期危害蜜蜂。当蜜蜂在花上采集时，爬上蜂体，由节间膜处吸食成年蜂血淋巴，造成蜜蜂迅速死亡。被蜜蜂携带回巢的芫菁幼虫可危害巢内其他蜜蜂，有时蜂王也难幸免。

受地胆幼虫侵袭的蜂群，常见蜂箱前有大量蜜蜂跳跃，翻滚，打转，最后痉挛而死。严重时，采集蜂大量死亡，巢门口死蜂成堆，群势迅速下降。

3. 形态特征

复色短翅芫菁成虫体为铜绿、紫红等色，长 19 ~ 33 毫米。幼虫呈黑色，头三角形，体长 3.0 ~ 3.8 毫米。曲角短翅芫菁成虫体为黑色或蓝色，体长 16 ~ 33 毫米；幼虫呈黄色，头圆形，体长 1.3 ~ 1.8 毫米。

图 3-13　芫菁

4. 生物学特性

芫菁是复变态昆虫。1 龄幼虫有 3 对发达的胸足，称三爪蚴，非常活泼，能主动搜索寄主，是主要的危害期，2龄以后成为胸足不发达、行动缓慢的蛴螬型幼虫，最后在土中化蛹。成虫常栖息于草地、田园、果园等地，以植物为食。雌成虫产卵于土中，可产1 000～4 000粒。1龄幼虫出孵后，常栖息于十字花科、菊科、豆科、蝶形花科和唇形科等植物的花上，当蜜蜂在花上采集时，三爪蚴就爬上蜂体，吸食血淋巴。进入蜂巢的幼虫还可危害其他成年蜂。

5. 防治方法

第一，清扫蜂箱、蜂场，收集箱内及周围的死蜂并烧掉。

第二，用萘或烟叶熏杀：傍晚在箱底铺上一张纸，撒上3～5克萘粉，次日取出，烧毁地胆幼虫；或用烟叶放入喷烟器，点燃后，向巢口喷烟3～5分，立刻取出纸张，烧毁地胆幼虫。

（七）天蛾

天蛾（图3-14）（*Hawk moth*）属鳞翅目天蛾科（Sphingidae），成虫大型，可侵袭蜂群。常见的有芝麻鬼脸天蛾（*Acherontia styx* L.）、胡麻鬼脸天蛾（*A. lachesis* F.）、鬼脸天蛾（*A. atropos* L.）。

1. 分布

天蛾在印度、缅甸、日本等均有分布。我国的河北、山东、广东、广西、福建等地也有分布。

2. 危害

幼虫以植物为食，只有成虫期才侵害蜜蜂。天蛾夜间飞出取食花蜜时，闻到蜂箱内的蜜香，即钻入蜂群中盗蜜，一只成虫一次可取食3～4毫升。

由于巢门较小，天蛾往往扑打翅膀以进出巢门，骚扰蜂群，有时天蛾因出不了巢门而死于巢门内，蜜蜂还得分解搬运。中蜂、意蜂均可受害，但中蜂受害严重时易飞逃。

3. 形态特征

成蛾体粗壮，纺锤形，末端尖。吻发达。前翅顶角尖而外缘倾斜。幼虫第八腹节背面有一角状突起。芝麻鬼脸天蛾体长 46 毫米，宽 15 毫米，翅展 98 ~ 120 毫米。天蛾的胸背部有骷髅头似的斑纹，为简易识别的特征。

图 3-14 天蛾

4. 生物学特点

天蛾 1 年发生 1 代或几代。幼虫危害茄科、豆科、木樨科、唇形科等植物。蛹在土中越冬。成虫 5 ~ 9 月出现，为侵袭蜜蜂的主要季节。成年蜂夜间活动，觅食蜂蜜。天蛾虽不伤害蜜蜂，但可引起蜜蜂骚动不止。

5. 防治方法

第一，在其成蛾发生高峰期，场址尽可能避免在芝麻地附近。

第二，晚间将巢门高度缩小至 8 毫米之下，避免骷髅天蛾侵入。

第三，夜间于蜂场周围放置含少量农药和糖浆的海绵，以毒杀天蛾，早晨取回即可。

三、其他敌害

（一）蟾蜍

蟾蜍（图 3-15）（Toad）俗称癞蛤蟆，属两栖纲蟾蜍科（Bufonidae），是蜜蜂夏季的主要敌害之一。

图 3-15　蟾蜍

1. 分布

蟾蜍科除新几内亚、澳大利亚、波利尼西亚和马达加斯加以外，分布于世界各地。这一科有 10 个属，以 *Bufo* 属的蟾蜍对蜜蜂危害最大。国外报道取食蜜蜂的蟾蜍主要有 *B. marinus*，*B. boreas*，*B. bufo*，*B. spinosus*，*B. viridus* 等。我国仅有 *Bufo* 一属，共有 6 种，蜂场中常见的有：中华大蟾蜍、黑眶蟾蜍、华西大蟾蜍、花背蟾蜍。此外，我国南方还有一些常见的蛙类，如狭口蛙、雨蛙、林蛙也会捕食蜜蜂，但危害不如蟾蜍大。

2. 危害

每只蟾蜍一晚上可吃掉数十只到 100 只以上的蜜蜂。若每晚都在蜂群前捕食，会使群势下降，严重时蜂群被毁。

3. 形态特征

比蛙属动物大，一般黄棕色或浅绿色，间有花斑。身体宽短，皮肤粗糙，布有大小不等的疣粒。腹面乳白色或乳黄色。四肢几乎等长，趾间有蹼，擅长跳跃行动。

4. 生物学特点

蟾蜍多在陆地较干旱的地区生活，白天隐藏于石下、草丛、石洞中，黄昏时爬出觅食，捕食包括蜜蜂在内的各种昆虫、蠕虫等。在天热的夜晚，蟾蜍会待在巢门口捕食蜜蜂。

5. 防治方法

第一，铲除蜂场周围的杂草，减少蟾蜍藏身之处。

第二，垫高蜂箱，使蟾蜍无法接近巢门捕捉蜜蜂。

第三，开沟护蜂。在蜂群巢门前开一条长 50 厘米、宽 30 厘米、深 50 厘米的深沟。白天用草帘等物将坑口盖上，不伤蜜蜂。夜间打开，当蟾蜍前来捕食蜜蜂时，就会掉入坑内，爬不出来。

（二）鼠

鼠（图 3-16）属啮齿目鼠科或松鼠科，是蜜蜂越冬季节的重要敌害。

图 3-16 鼠

1. 分布

鼠已遍布亚洲、欧洲、美洲。危害蜂群鼠可分为家栖鼠和野栖鼠两大类。

家栖鼠主要有小家鼠、褐家鼠、黄胸鼠、屋顶鼠。野栖鼠主要有乌尔达黄鼠、黑线姬鼠、森林鼠。在我国，小家鼠各地均有，黄胸鼠在长江以南和西藏东南部，屋顶鼠分布在南方地区和北方沿海。

2. 危害

在蜜蜂群越冬季节，蜂团收缩，巢脾部分裸露，老鼠钻入蜂箱或咬破箱体，进入蜂箱中取食蜂蜜、花粉，啃咬毁坏巢脾，并在箱中筑巢繁殖，使蜂群饲料短缺。老鼠的粪便和尿液气味浓烈，越冬蜂骚动，离开蜂团而死，严重影响蜂群越冬，同时也污染了蜂箱蜂具。

3. 形态特征

鼠为哺乳动物，个体小，全身被毛，有尾。雌鼠胸腹部具成对的乳头，以乳汁育仔。上下颌有一对异常发达的凿状门齿，门齿能不断生长，有磨牙习性。

4. 生物学特点

家鼠常栖息于仓库、杂物堆等阴暗角落。野鼠多栖息于田埂、草地。食性杂，家鼠以人类的各种食物为食，野鼠以植物种子、草根等为食，也食昆虫。鼠性成熟快，繁殖力强，一年多胎，一胎多仔。

5. 防治方法

（1）蜂箱防鼠　将蜂箱架高，箱体及架子离墙30厘米。在巢门前加上铅丝网防鼠入箱。

（2）器具捕鼠　在老鼠经常出没的地方放置老鼠夹、捕鼠笼等器具捕杀老鼠。

（3）药物毒杀　市售毒鼠药物有多种，如灭鼠优、杀鼠灵、杀鼠迷、敌鼠等，按说明书使用即可。

（三）青鼬

1. 分布

青鼬（图3-17）又称黄喉貂，是一种蜜蜂的次要敌害，属哺乳纲，鼬科。广泛分布在俄罗斯、朝鲜、印度和东南亚等地。我国各地山区均有分布。

2. 危害

在冬春季节，食物缺少时，青鼬为获取蜂箱内食物而推倒蜂箱，或用利爪抓破纱窗，取食蜂蜜、蜂花粉和蜂子，有时一夜间可推倒好几箱蜂，蜂群散乱，损失严重。如果蜂群无人看管，则损失会更严重。

3. 形态特征

体形与家猫相似，体长450～600毫米，尾巴长，相当于体长的3/4。体重1.5～3千克。头部较细长，四肢较短，爪异常锋利。头部背面、侧面、颈面、四肢和尾巴呈黑色，自肩上部到臀部为黄色至棕色，下颌到嘴角为白色，喉部为黄色，喉边具有黑带，腹部呈灰棕色或黄色。

图3-17 青鼬

4. 生物学特点

穴居于树洞、山洞内。嗅觉灵敏，行动敏捷，夜间常成对外出觅食，可取食各种食物，如鼠类、鸟类、幼小动物、水果等。每当冬春季节，食物稀少，就集中危害蜜蜂。

5. 防治方法

（1）子脾诱杀　抽取一些雄蜂脾或淘汰的子脾，割掉封盖后，切成小块，然后撒上一些砒霜。待傍晚蜜蜂回巢后，放在青鼬经常出没的地方，诱其取食，毒杀之。但应在白天收回毒物，以防其他动物中毒。

（2）网栏保护　用带刺的枝条绑在蜂箱周围，或用铁丝网将蜂场圈起，尖角朝外，可起到一定的防护作用。

另外，建议养狗护蜂。

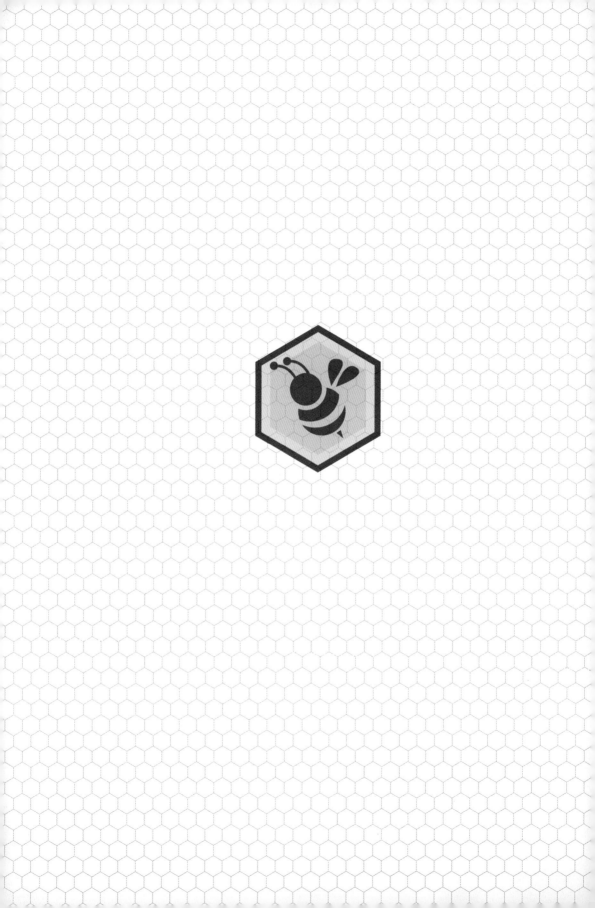

专题四

蜜蜂中毒

　　蜜蜂中毒可分为花蜜花粉中毒和农药中毒两大类。蜜蜂花蜜花粉中毒一般只限于某些地区，对蜜蜂的危害相对于农药中毒而言要小些，但是这种中毒拖的时间较长，有时也会对蜂群带来严重的损失。在蜜蜂采集的蜜粉源植物里，有毒的蜜粉源只是极少的一部分，只要外界有其他蜜源存在，蜜蜂中毒就很少发生。蜜蜂农药中毒，是养蜂生产中存在的另一个严重问题。随着农业科学技术的发展，农药的品种和使用范围日益扩大，蜜蜂农药中毒的情况愈加严重。不少农药，特别是杀虫剂对蜜蜂有不同程度的毒杀作用，它可以使大量为农作物、林木等传花授粉和采蜜的蜜蜂中毒死亡。

一、花蜜花粉中毒

在众多蜜粉源植物中，有少数种类的花蜜或花粉含有某些蜜蜂无法消化的成分或对蜜蜂直接产生毒性的有毒物质，而导致蜜蜂中毒。我国常见的对蜜蜂有毒的蜜粉源植物有 20 多种，如油茶、茶、枣、藜芦、苦皮藤、喜树等。不同的植物所含的有毒成分不同，引起的毒性反应也有差异。现分别介绍如下：

（一）茶花蜜中毒

茶树是我国南方广泛种植的重要经济作物，开花期 9 ~ 12 月，花期长达 50 ~ 70 天，花粉多且流蜜量大，是蜜蜂秋末冬初的良好蜜粉源（图 4-1）；而且茶花粉还是经济价值不错的蜂产品，因此茶花期是许多养蜂人都喜欢的花期。但是，茶花期常常造成蜜蜂烂子现象，给蜂群越冬造成了困难。

图 4-1　蜜蜂与茶花

1. 中毒原因

引起中毒的是茶花蜜而不是茶花粉。这是因为茶花蜜中含有 14.2% 的寡糖成分，其中主要是三糖和四糖。这些寡糖中都含有半乳糖成分，在蜜蜂肠道中经酶解后会产生半乳糖，而半乳糖是蜜蜂所不能消化的，因而造成蜜蜂幼虫中毒。此外茶花蜜中还含有微量的咖啡因和茶皂苷，尚不明确是否会造成幼虫中毒。

2. 中毒症状

成年蜂一般不表现症状，主要是大幼虫成片出现腐烂，严重时有酸臭味。只在茶花期表现，可与美洲幼虫腐臭病相区别。

3. 预防和治疗措施

在茶花期，将群内的幼虫脾和蜜脾用隔王板隔开，分区放置；同时每隔 1 ~ 2 天在子区饲以稀糖水，以减少幼虫取食茶花蜜的量，降低中毒程度。

（二）油茶中毒

油茶花期长达 50 ~ 60 天，蜜粉丰富，是晚秋良好的蜜粉源（图 4-2），但花期蜜蜂中毒明显。

图 4-2 油茶花

1. 中毒原因

有两种观点：一种观点认为是由油茶蜜中的咖啡因造成的；另一种观点认为是由于花蜜中的寡糖成分过高，其中的半乳糖成分无法被利用而中毒。

2. 中毒症状

油茶花期期间，成年蜂采集花蜜后腹胀，无法飞行，中毒死亡；幼虫中毒表现为烂子。

3. 预防和治疗措施

方法同茶花蜜中毒，也可使用中国林业科学院研制的"油茶蜂乐"解毒。

（三）枣花蜜中毒

枣是我国重要果树之一，是北方夏季主要蜜源植物（图4-3）。5～6月或6～7月开花，花期长达30多天。泌蜜量大，花粉少；成年蜂采集后易中毒，严重时死亡率达30%以上，尤其是干旱年份较重。

图4-3　蜜蜂与枣花

1. 中毒原因

有两种观点：一种观点认为是枣花蜜中所含生物碱引起中毒；另一种观点认为是由于蜜中有过高含量的钾离子引起中毒。

2. 中毒症状

成年蜂采集后，腹胀，失去飞翔能力，只能在箱外做跳跃式爬行；死蜂呈伸吻勾腹状。主要是成年蜂中毒，未见幼虫中毒的报道。

3. 预防和治疗措施

采蜜期间，做好蜂群的防暑降温工作，扩大巢门，蜂场增设饲水器及在场地喷水增湿。经常给蜂群饲喂些稀薄糖水，可减轻发病。

（四）甘露蜜中毒

在外界蜜粉源缺乏时，蜜蜂会采集某些植物幼叶及花蕾等部位分泌的甘露，或蚜虫（图4-4）、介壳虫分泌的蜜露。有时蜜蜂会出现中毒症状。

图4-4　蚜虫

1. 中毒原因

在甘露蜜或蜜露蜜中可能含有较多的无机盐和糊精，蜜蜂因无法消化吸收而中毒死亡。

2. 中毒症状

成年蜂腹部膨大，无力飞翔。拉出消化道观察，可见蜜囊膨大，中肠环纹消失，后肠有黑色积液，严重时幼蜂、幼虫、蜂王也会中毒死亡。

3. 预防和治疗措施

当外界没有蜜源时，不要将蜂群放在松柏类植物较多的地方，防止蜜蜂采集；如果蜜蜂已采集，要及时取出，并给蜂群补喂糖浆。为防止并发其他病害，可在饲料糖中加入适量抗生素作为预防。

二、农药中毒

（一）农药中毒的危害

农药已广泛应用于农业害虫的防治。由于各种农药的大量使用，蜜蜂农药中毒一直是困扰各国养蜂业的一大问题。蜜蜂农药中毒主要是在采集水果、蔬菜等人工种植植物的花蜜花粉时发生。如我国南方的柑橘、荔枝、龙眼本是春季非常好的主要蜜源，不仅流蜜量大，品质也很好，可是由于农药中毒的原因，每年都有大量的蜜蜂死亡，许多蜂农常常不得不提早退出场地，以减少蜜蜂损失；当然果树的授粉同时也受到很大的影响。尽管我国已有相关的法规来保护蜜蜂授粉行为，但是对种植者缺乏约束力，加上蜜蜂授粉的知识还不够普及，种植者对授粉的益处了解甚少，少有主动配合者。因此，蜜蜂中毒事件仍时有发生，常常给养蜂者造成较大的经济损失，对农业及养蜂业都有显著的负面影响。

（二）农药的种类

在众多农药中，对蜜蜂影响较大的主要是有机杀虫剂，杀菌剂、除草剂、生物农药等的危害相对较小。有机杀虫剂中又以人工合成的对蜜蜂毒性较大，如敌敌畏；天然的毒性较小，如鱼藤酮。有机杀虫剂按化合物类型可分为：有机氯类杀虫剂，如林丹；有机磷类杀虫剂，如甲拌磷；氨基甲酸酯类杀虫剂，如西维因；拟除虫菊酯类，如氟氨氰菊酯；有机氮类杀虫剂，如双甲脒。

（三）农药的作用方式

农药对蜜蜂的毒杀方式主要有三种：触杀、胃毒、熏蒸，它们分别由体壁、口腔和气门进入体内。或作用于神经系统，或作用于呼吸系统，或破坏蜜蜂正常的生理机能达到杀虫目的。不同的农药，杀虫效果不一样，为了区别它们的毒力，用致死中量（LD_{50}）来表示。根据 Atkin（1973）的分类方法，将农药分为三个等级：高毒、中毒、低毒；高毒农药的 LD_{50} 为 0.001 ~ 1.99 微克/蜂，中毒类的 LD_{50} 为 10.99 ~ 22.0 微克/蜂，低毒类的 LD_{50} 大于 11.0 微克/蜂。在考虑到杀虫效果的前提下，尽量使用低毒农药，既可以保护农作物，又可以降低对蜜蜂的杀伤力。

知识链接 >

药剂颗粒大小对蜜蜂的影响

一般来说，药剂颗粒越小，悬浮率越高，在空中飘浮的时间也越长，毒力也越强，因此喷雾或喷粉比其他施用方法对蜜蜂的影响大。如果是毒力较高的农药，在大田中施用对蜜蜂产生的危害就会很大。因此，提倡种植者尽量使用对蜜蜂安全的施用方式，如能用粒剂的就不选用粉剂和乳油。

农药是如何造成蜜蜂中毒的

在蜜蜂采集时喷施农药，蜜蜂会被农药直接污染，造成中毒死亡。如果蜜蜂在已施用过农药的花上采集，而农药的残效期未过，蜜蜂也会因接触或是采集受污染的花蜜花粉而中毒。在施用过内吸性农药的开花植物中，各种器官都含有农药成分，蜜蜂采集时也可能造成中毒。

由于农药都是化学物质，因此农药对昆虫的毒杀作用主要是化学作用，即农药对昆虫的酶系、受体及其他物质的化学反应，这些反应再引起生理上的改变，造成昆虫的死亡。

农药按毒杀作用机制划分为三大类：神经毒剂、呼吸毒剂和化学不育剂。

1. 作用于神经系统的农药——神经毒剂

（1）昆虫神经系统的基本结构与功能　当前，大多数杀虫药剂是神经毒剂，它们主要是干扰破坏昆虫神经的生理、生化过程而引起中毒及死亡。所以必须先了解昆虫神经系统的基本结构与功能。

昆虫的神经系统与其他高等动物一样，是用来调节体内各种器官的生理活动和协调与外界环境统一的特殊组织。昆虫的神经系统是由外胚层细胞发育而来的，由神经细胞体和细胞体上发出的神经纤维组成。神经纤维又分为轴突（主干部分）、侧支、树状突（传入神经冲动的细小纤维）和端丛（传出神经冲动的细小纤维）。按神经细胞体外神经纤维突出的条数可将神经细胞分为3种主要类型：单极神经元，多数昆虫的神经元细胞体仅有1条轴状突，随后轴状突分支成轴突和侧支；双极神经元，神经元细胞体有2条轴突，一条长，一条短；多极神经元，神经元细胞体有3条或3条以上的轴突。根据神经纤维细胞体上的纤维突的数目、传递冲动的方向和神经细胞体的分泌能力，可以分为感觉神经元、运动神经元、神经分泌细胞和联系神经元。神经系统由中枢神经系统和交感神经系统组成。

延伸阅读

中枢神经系统和交感神经系统

中枢神经系统组成由脑、咽喉下神经节和腹神经索组成。脑是最重要的一个联络中心，统一协调体内外的一切刺激和反应，由前脑、中脑和后脑组成。其中前脑占1/2体积，构造复杂，包括蕈体、中央体和脑桥体，是视觉中心；中脑是触角的控制中心；后脑是取食和味觉中心，与口道交感神经系统联系。组成口器的3对附肢，下颚、上颚和下唇，都各有1对神经节，后来3对神经节合并，形成咽喉下神经节，控制和协调口器的活动。神经索是连接相邻的神经节，成对出现，由很多神经纤维组成。一共11个，胸部有3个，腹部8个，腹部的1～8

节，其中第8腹节是8～10腹节合并的复合神经节。较进化的类群有合并现象。复合神经节是身体的最后一个神经节，控制后肠、交尾、产卵和尾须的活动。尾须的活动与翅以及足的活动协调，尾须受到刺激后，翅和足会做出快速反应。

交感神经系统由口道神经系统和周缘神经系统组成，其中口道神经系统位于前肠背面，由额神经节及其神经组成，管理前肠，对中肠和背血管有一定的管理作用，与心侧体、咽侧体的分泌活动有关。周缘神经系统分布在昆虫身体的周身，一般在体壁下。除了脑和神经节以外所有的神经都是周缘神经，直接连接感觉器和反应器。

昆虫神经细胞与神经细胞之间信息的传递一般需要电传导和化学传导两个过程。

神经系统的电传导过程假如用一个微电极（连接到一个测量电压的装置）插入到一个活体的神经细胞中，就会发现一个电位差的存在，这就是膜电位，膜内为负，膜外为正。膜电位存在原因在于膜是半透性膜，对某些离子能通过，某些离子不能通过，使膜内外分布有不同种类离子。在神经细胞膜内（轴浆内）有大量 K^+，少量的 Na^+，还有许多有机阴离子、Cl^-，在膜外（组织液内）K^+ 少，Na^+ 多，造成这些离子分布的不同。除了膜的通透性对不同离子有不同外，在细胞膜中具有一种功能，用三磷酸腺苷（ATP）供给的能量，把钠送出膜外，同时把钾吸入膜内。这个主动的离子输出或运入机制叫钠泵或钾钠离子泵。由于这个泵的作用，加上膜半透性，再加上细胞内某些有机物的存在，从而产生膜电位，在静止时，这电位一直存在，故称静止电位。因有机阴离子及 Ca^{2+} 与 Mg^{2+} 完全不能通过膜，Na^+ 基本也不能通过，K^+ 几乎可以完全通过，Cl^- 可以自由通过，因此膜内外是有电位差，称为膜电位。事实上当静止电位时，膜对 K^+ 是自由通透的，可以自由进出，而 Na^+ 通透性很少，不能通过。Cl^- 也会由膜外扩散到膜内，增加膜外正电荷（负电荷少了），但 Cl^- 的通透性在静止时比 K^+ 小得多。因此，静止电位主要是 K^+ 的外流造成的，实际上的电位是接近 K^+ 的平衡电位的。但有很少一部分 Na^+ 内流，又使膜电位不完全等于 K^+ 电位，而是比 K^+ 电位稍高些。由于不处于零电位上，因此称膜处在极化状态。

当神经的某一部位接受刺激后，就会产生兴奋，兴奋使膜的通透性发生变化。体液中的 Na^+ 进入膜内，致使膜表面电位下降，膜内电位上升，膜内外电位差减小，甚至内外电位反过来，造成膜的"去极化"，形成脉冲形的动作电位。

化学传导过程发生在神经细胞的前突触至后突触。神经元轴突末端膨大部分为突触体（上一神经元的突触为前突触），它与下一神经元的细胞体之间存在 20 ~ 50 纳米的间隙，称突触间隙。间隙的前沿称前膜，后沿称后膜。突触前膜是一个特殊的膜，它可与轴突内的小囊泡的膜愈合。小囊泡内含有不同种类的神经递质，它的形状、大小因不同神经递质有所不同。由乙酰胆碱所支配的突触为胆碱激性突触，大多数神经元之间的化学传递物质是乙酰胆碱，它在神经传递上最为重要。

小囊泡释放机制是胞吐作用，即前膜与小囊泡愈合，小囊泡膜开放，其中乙酰胆碱被释放出来，可能是某些离子通透性改变而引起的。当愈合后开裂成小孔，神经递质通过小孔，进入突触空隙。一般认为胞吐过程是可逆的，在释放传递物质之后，小囊泡自行恢复而脱离突触前膜。乙酰胆碱在突触后膜，由乙酰胆碱酯酶把乙酰胆碱分解为胆碱和乙酸，胆碱重新被突触前膜吸收，乙酸被其他细胞或组织吸收并与辅酶A结合，成为乙酰辅酶A。乙酰辅酶A被运送到前突触的轴浆中，在胆碱乙酸转移酶作用下，再形成乙酰胆碱，在轴突末端的轴浆内储存。

乙酰胆碱酯酶

乙酰胆碱酯酶是一种催化乙酰胆碱分解的酶，属于水解酶的一种。因它能把乙酰胆碱水解为乙酸和胆碱，故称为乙酰胆碱酯酶。乙酸胆碱有两类胆碱酯酶，最重要的通常叫作乙酰胆碱酯酶，也称真胆碱酯酶或特异性酶。乙酰胆碱是其最好的底物，并且过量乙酰胆碱有抑制作用，一般在超过 2.5～10 摩/升浓度时，水解反而减少。另一类为丁酰胆碱酯酶，也称假胆碱酯酶或非特异性胆碱酯。丁酰胆碱是其最好的底物，该酶并没有表现出过量底物有抑制作用。在昆虫中没有找到丁酰胆碱酯酶，但乙酰胆碱酯酶在神经组织中是很丰富的，主要存在于中枢神经系统中。在抗胆碱酯酶剂毒害中是重要靶标之一。

大量的酶是以多种多样的形式存在的，它们有共同催化性，但可以用物理技术（如电泳）把它们分离。已经证明用这个方法，可把不同来源的乙酰胆碱酯酶加以分离，这些不同型称为同工酶。

乙酰胆碱的三类作用部位

乙酰胆碱酯酶有三类作用部位，即催化部位、结合部位和空间异构部位。

催化部位：又称酯动部位，是催化分解乙酰胆碱发生乙酰化，这个部位主要是一个丝氨酸的羟基边上有一个酸性基（酪氨酸的羟基）及一个碱性基（组氨酸的咪唑基）。一般情况下，单独的丝氨酸羟基并不能和酰基化合物产生反应，而要依赖邻近的组氨酸的咪唑基的活化作用，底物水解，杀虫剂抑制均和这个 −OH 发生反应。有机磷发生磷酰化在此部位进行。

结合部位：在催化部位四周的许多氨基酸残基都可能作为结合部位。因此结合部位就有：①阴离子部位，是天冬氨酸、谷氨酸羟基，使乙酰胆碱酯酶结合到酶上的。②疏水部位，这个部位是抑制剂的亲脂性基团如甲烷、乙烷及丙烷基团与酶结合，可以减少亲和力常数值，增加亲和力。③电荷转移复合体部位，在酶与抑制剂结合时，如果一方是易失去电子的电子供体，而另一方是强亲电性的电子受体，就很容易结合。④靛酚结合部位，当乙酰胆碱酯酶被一些试剂处理后，活性的变化很大，对乙酰胆碱失去了活性，对一半乙酸萘酯、苯乙酸酯、毒扁豆碱等也失去活性，唯独对靛酚乙酯却增加了活性，说明乙酰胆碱酯酶上有一个与靛酚结合的特殊部位。

空间异构部位：是远离酶的活性部位，这个部位与某种离子或是某种化合物上取代基团结合时，酶的结构产生了立体变型，从而改变了其他作用部位的反应。

乙酰胆碱被水解过程

乙酰胆碱具体被水解的过程可分四步：第一步，乙酰胆碱分子结合到阴离子的部位上，阳电荷与阴离子部的阴电荷结合；第二步，形成了酶与乙酰胆碱复合物；第三步，乙酸部分连接到催化部位上，这样胆碱与乙酸脱离，而乙酸部位保留在酶上，形成乙酸化酶，这就是催化过程；第四步，在催化部位上，通过电子转移及重新排列，乙酸再行脱离，恢复酶原来的活性。

在神经膜突触间隙中，接受神经传递介质（如乙酰胆碱）的细胞膜上的某种成分被称为受体。在后膜上，乙酰胆碱受体与乙酰胆碱结合就是激活过程。这个激活包括受体本身发生某些改变，而这些改变又间接影响突触后膜的三维结构的改变。膜的改变主要是各种离子通透的改变。乙酰胆碱受体是一种酸性糖蛋白，并含有与乙酰胆碱相似的氨基酸含量，它处于突触后膜内一端伸出膜外，为接受乙酰胆碱部位。

知识
链接

乙酰胆碱与受体结合后
造成膜通透改变的方式

乙酰胆碱与受体结合后造成膜通透改变可能通过两种方式：一是直接改变了膜上三维结构，使膜上的离子通道开放或关闭，于是离子就可以进入或被阻止进入；二是间接通过环核苷酸的磷酸化作用，使受体引起核苷酸环化酶活性增加，从而产生了更多的环核苷酸（如环鸟苷酸与离子导体起磷酸化作用，使离子通导体改变，从而通透性改变，使离子进出或被阻进出）。这种直接和间接效应在脊椎动物颈上神经等试验都存在。

延伸
阅读

乙酰胆碱受体及其功能

乙酰胆碱受体至少有烟碱样的及蕈毒碱样的两种受体。由突触膜上释放出乙酰胆碱，它可与蕈毒碱样的或烟碱样的受体结合，还可通过联系神经与多巴胺受体结合。第一个结合可直接影响膜电位改变，在突触后膜产生 1 个快兴奋性触后电位，可以被阿托品阻断。第二个结合可使鸟苷酸环化酶活化，产生环鸟苷酸，通过磷酸化作用，在突触后膜产生 1 个慢兴奋性突触后电位。第三个结合可使腺苷酸环化酶活化，产生环苷酸，通过磷酸化作用，在突触后膜上产生 1 个（慢）

抑制性突触后电位，可被 α-肾上腺激性的拮抗剂阻断。

乙酰胆碱受体的功能是被在突触前膜释放的神经递质乙酰胆碱后所激活，使突触后 γ-氨基丁酸通透性改变造成去极化（Na^+ 进入，K^+ 流出），去极化产生 1 个兴奋性突触后电位，这电位与乙酰胆碱释放量成比例。但去极化在某一范围内，如达不到某一极限或超过某一限度时，就不能产生动作电位，称极化阻断。这一功能特征很重要，因为蕈毒碱和烟碱能模拟乙酰胆碱的作用，产生过度的突触兴奋极化阻断，不形成动作电位，传导受阻。有机磷、氨基甲酸酯杀虫剂破坏乙酰胆碱酯酶，造成乙酰胆碱积累。六六六引起乙酰胆碱过度释放产生过度兴奋，也阻断了传递，引起中毒反应。

乙酰胆碱与乙酰胆碱受体结合只能是短暂的，当完成传递信息后要立即分解，否则结合的受体就不能接受后来的乙酰胆碱起作用。在正常状态下，乙酰胆碱激活受体后立即脱离，它们在一般情况下再度释放，与乙酰胆碱酯酶相遇而被分解。如果乙酰胆碱不分解的话，受体被占领，将永远刺激受体，造成长期兴奋过甚，反而导致传导的阻断（去极化阻断）而引起昆虫死亡。

另一些化学物质如 γ-氨基丁酸的突触传递物质，这些物体也与受体起作用，但是受体激活后所产生的生物反应不是去极化，而是超极化，使膜电位更负，不易兴奋，就是抑制。

（2）常见神经毒剂的作用机制

1）有机磷及氨基甲酸酯杀虫剂作用机制　有机磷杀虫剂是目前应用

较多的化学农药。很多具有 P–S 结构的有机磷化合物在昆虫体外的乙酰胆碱酯酶中无活性，并不是乙酰胆碱酯酶抑制剂，只有当 P–S 在昆虫体内部转变为 P–O 结构后，有机磷化合物才能有效地抑制乙酰胆碱酯酶，即在昆虫体内才表现对乙酰胆碱酯酶有活性，产生中毒。大多数研究结果都支持有机磷酸酯杀虫剂是通过抑制乙酰胆碱酯酶来杀死昆虫的。胆碱酯酶被有机磷酸酯抑制后，如时间过久，不能恢复酶的活性，就是所谓酶的老化现象。酶老化以后，用解毒剂不能恢复酶的活性。酶老化速度决定于酶，也受温度、pH 的影响，在高温条件下，老化速度加快。更重要的是二烷上的烷基，甲基的去甲基作用比乙基的去乙基作用更易发生。

氨基甲酸酯类化合物的生物活性很早就引起了人们的注意。氨基甲酸酯的一个特性是强选择性，对某些昆虫毒性突出，而对某些昆虫毒性不高。这类化合物的结构较简单，但其取代基稍有微小改变就对昆虫毒性影响很大，甚至氨基甲酸酯在苯环上的部位不同，对毒性影响也很大。氨基甲酸酯类杀虫剂是乙酰胆碱酯酶强烈抑制剂。乙酰胆碱酯酶与杀虫剂偶联，形成中间络合物，这个络合物可能再解离酶和杀虫剂，也可能分解成 1 个稳定的氨基甲酰化酶和 1 个脱离基团，其氨基甲酰化酶水解游离出酶和氨基甲酸，酶活性恢复。在神经突触内乙酰胆酯酶按正常状态破坏传递介质乙酰胆碱，这一系列反应非常迅速，一旦发生中毒，即氨甲酸酯进入神经突触，它就和乙酰胆碱争夺酶上活性部位，争夺得胜，杀虫剂与酶结合，酶抑制住，这个结合取决于氨基甲酸酯亲和力常数。其亲和力的大小主要取决于氨基甲酸酯中芳基部分的分子结构上的不同及与乙酰胆碱酯酶上活性部位是否适合结合。氨基甲酸酯对乙酰胆碱酯酶的抑制没有酶老化现象。

2）沙蚕毒类及烟碱类杀虫剂的作用机制　沙蚕毒素类杀虫剂是近年来由仿生合成的一种神经毒剂。目前已能生产，应用种类有杀螟丹、杀虫环、杀虫双等。

沙蚕毒素是在沙蚕体内发现具有杀虫活性的化合物，而人工合成的杀螟丹及其类似物质都必须在昆虫体内发生代谢，转化为沙蚕毒素才能起杀虫作用。沙蚕毒素是影响胆碱突触的传导，但是它又不抑制胆碱酯酶，它使突触前膜上放出的神经传递物质减少，也同时使突触后膜对于乙酰胆碱的敏感性降低。因此，认为它的主要作用靶标是乙酰胆碱受体，它起的作用就是抑制了突触后膜的膜渗透性（Na^+ 及 K^+）的改变。

McIndoo（1916）描述蜜蜂受烟碱毒杀后的症状为：麻醉，常常为后足麻痹，翅麻痹及前后中足麻痹，步行不稳，舌、触角及大颚麻痹，偶尔跗节、触角或腹部发生痉挛等。有可能在同一种昆虫中，同时存在几种受体，不同昆虫的乙酰胆碱受体也有些不同。昆虫体内有 3 种乙酰胆碱受体，除了烟碱样受体与蕈毒碱受体之外，更主要的受体乃是蕈毒酮样受体，对它的抑制可以造成死亡。脊椎动物也具有烟碱样受体与蕈毒碱受体。烟碱样受体被烟碱所激活，而在骨骼肌中为 α – 管箭毒抑制，或在自主神经节中为六甲蓊所抑制；蕈毒碱样受体被蕈毒碱所激活，而被阿托品所抑制。这两种受体都能接受乙酰胆碱。在家蝇及果蝇的脑中已发现的蕈毒酮样受体是第三种受体。蕈毒酮是一种十分特殊的抑制剂，它对烟碱样及蕈毒碱样的受体都有效，但它对这 3 种受体有更大的亲和力。当蕈毒酮与受体结合后，都受到烟碱样、蕈碱样和非胆碱激性等药物的抑制。

3）拟除虫菊酯类杀虫剂的作用机制　已知天然除虫菊酯是由菊花酸

和除虫菊酸与 3 种醇形成的 6 种酯的混合物。每种酯有多种不同的异构体。早期合成的那些拟除虫菊酯如丙烯菊酯、胺菊酯、苄呋菊酯和苯醚菊酯等杀虫剂，它们的杀虫作用虽很强，但对光不稳定，在自然条件下，容易分解失效，只能在室内防治卫生害虫和仓储害虫，不能在田间应用于防治农业害虫。

除虫菊酯作为杀虫剂具有很多优点，它能防治多种害虫（广泛性），击倒作用快，对哺乳动物毒性低，不污染环境。对鱼类毒性大，无内吸性，对螨类效果差，易产生抗药性。近年来，又出现了百树菊酯、氟氰菊酯和甲氰菊酯等对红蜘蛛有较强杀虫效果的拟除虫菊酯新品种。一些对鱼类毒性低的拟除虫菊酯品种目前也正在开发研究，已试制出对鲤鱼等淡水鱼比较安全的新品种。

拟除虫菊酯对害虫的中毒症状有兴奋期与抑制期。在兴奋期，受刺激的昆虫极为不安乱动，在抑制期的昆虫活动逐渐减少，行动不协调，进而麻痹以至死亡。

拟除虫菊酯类杀虫剂作用机制的相关研究

Narahashi（1962）用电生理方法以 1 摩 / 升丙烯菊酯处理美洲蜚蠊的神经索巨大神经轴，发现负后电位延长，并阻碍神经轴传导。当用 0.3 摩 / 升浓度时，也同样使负后电位延长，但无阻碍传导。用拟除虫菊酯处理多种昆虫神经的多个部位（如蜚蠊尾须、家蝇的运动神经元、吸血蜱的中央神经系统、沙漠飞蝗的周边神经系统等），研究结果都测出有重复放电现象。

Gamlon 等人（1981）根据对感觉神经元的反应和处理蜚蠊的作用可把拟除虫菊酯分成 I 型和 II 型。I 型化合物对感觉神经元（在体外）可产生重复放电。II 型化合物（含氰基拟除虫菊酯）不会产生重复放电，可能对突触产生作用（Ford，1979），在突触中，它的传递物质或许是谷氨酸。

拟除虫菊酯一个有趣的作用特点是它们在低温条件下对昆虫的毒性更高，其 15℃的 LD_{50} 毒力是 32℃的 LD_{50} 的 10 倍（Gamlon，1978）。丙烯菊酯对昆虫作用是影响它的轴突传导，在低温条件下，作用更为突出（Wang 等人，1972）。丙烯菊酯对神经的电生理效应是受温度影响的，其影响比较复杂。重复放射有一个正温度系数，当温度下降到某一关键水平时（约 26℃），重复放射即消失，但是丙烯菊酯引起的抑制却有一个负温度系数，温度降低（由 28℃到 12℃），它便大大加强，在 22～28℃温度范围内，这时重复放射最强烈，温度高于 28℃或低于 22℃时，都有减弱。处理昆虫的症状与对神经系统的作用之间有密切关系，尤其是处理不久，昆虫表现不安定，这与延长感觉周边神经的放电成正相关，而不协调行为又是运动神经和中央神经元的不正常放电引起的。32℃时，对周边与中央神经元的剧烈刺激是主要作用，15℃时主要是对周边神经起作用（Gamlan，1978）。例如，丙烯菊酯在低温效果高，一种可能的说法是，杀虫剂与受体构成复杂化合物较稳定（Wcuter 等人，1977），拟除虫菊酯的立体化学结构与它的神经毒性和杀虫剂活性有密切关系（Gamlon

等人，1981）。温度下降，延缓的离子通道关闭，使 Na^+ 流延长。

拟除虫菊酯的毒理机制可能与 ATP 酶的抑制有一定关系，用相当高浓度的丙烯菊酯对红细胞膜及鼠脑微粒体的 Na^+-K^+-ATP 酶有抑制作用。美洲蜚蠊的 Na^+-K^+-ATP 酶在较高浓度拟除虫菊酯中也有抑制作用。这些作用机制一部分是间接的影响作用，Na^+-K^+-ATP 酶与传送 Na^+ 及 K^+ 离子的功能有间接关系，一般估计，这不是神经传导受影响的主要原因，而可能是物理作用。

拟除虫菊酯虽不抑制胆碱酯酶，但对美洲蜚蠊脑部的乙醚胆碱有显著增加，这可能与突触传导有关（Waller & Lewis.，1961）。拟除虫菊酯处理昆虫后，发现中毒死亡的昆虫有失水现象，大量的水滴附在体表上，这是对神经控制的表皮分泌活动的影响，具体过程还不明确。

综合上述的几个生理效应与拟除虫菊酯处理后昆虫最后造成的死亡都有一定关系，但都不是它的主要毒杀机制，因为这些效应在很多其他神经毒剂的中毒征象中也同样存在（张宗炳，1964）。

4）甲脒类杀虫剂的作用机制　杀虫脒的作用机制很特殊。它具有神经毒剂典型的中毒症状，如兴奋、痉挛、麻痹、死亡的中毒症状，另外还具有拒避和拒食作用。一般认为兴奋与昏迷可能是由于单胺氧化酶受抑制，拒食作用可能是与神经胺及神经胺激性突触传导有关。这二者之间又是有关联的，因为单胺氧化酶是可以分解某些单胺型的神经胺。

a. 单胺氧化酶的抑制　Knowles 和 Roulston（1972）首先提出，杀虫脒的作用机制乃是抑制单胺氧化酶,当单胺氧化酶被抑制后,体内的单胺如5-甲肾上腺素都增加了。单胺的积累是造成神经传导阻断的一个原因。有些神经突触传导处是以神经胺为传递物质的,如去甲肾上腺素、多巴胺、章鱼胺等。单胺氧化酶被抑制,就会造成神经胺积累,从而引起神经传导受阻,但这可能不是唯一的原因。

b. 杀虫脒及其类似物对章鱼胺受体作用最新的学说　认为杀虫脒及其类似物的杀虫杀螨作用主要是干扰了章鱼胺。已经证明,杀虫脒在体内必须先变为脱基化合物再与章鱼胺受体结合。这作用是在神经元的后突触章鱼胺受体中进行。用N-去甲基杀虫脒和章鱼胺进一步的试验,发现它们可以刺激腺苷酸环化酶,这种酶有传递章鱼胺的反应。章鱼胺的拮抗剂则具有抑制腺苷酸环酶环化酶的作用,杀虫脒本身不能刺激环化酶活性。

c. 神经肌肉连接处的阻断　杀虫脒对于肌肉收缩有一定影响,主要是降低了终梢末板的敏感性以及细胞膜的兴奋性。杀虫脒对昆虫的作用是在神经肌肉连接处,但具体机制还不清楚。

延伸阅读

胆碱乙酰转移酶的抑制剂

在胆碱激性的突触上,每一次神经传递,就有一定量的乙酰胆碱释放出来,因此,突触前膜中必须有乙酰胆碱新的合成,不断供应,维持不断释放。释放出来的乙酰胆碱被乙酸胆碱酯酶水解为乙酸与胆碱,它们重新合成乙酰胆碱。因此,如果能抑制胆碱乙酰转移酶,新的乙酰胆碱就不能合成,已有的乙酸胆碱逐渐用尽,传导也会停止,这就是胆碱乙酰转移酶的抑制剂。当前已找到 S-苯基-α-卤代硫乙酸酯类、顺丁烯二酰亚胺化合物、ScCl₃的乙内酰脲等三类化合物具有抑制这种酶的能力。抑制的结果确实可以造成突触传递的阻断，但是这种抑制不能单独用来作为一种杀虫剂，因为它不能立即杀死昆虫。但是，它可以作为一种增效剂使用，以减少一些毒性较高的神经毒剂的作用。

2. 作用于呼吸系统的农药——呼吸毒剂

（1）昆虫呼吸系统的作用及功能　呼吸就是氧化体的氧化代谢，是分子氧的生物氧化作用。生物氧化是在体温条件下进行的。在酶的催化下，经过连续的一系列化学反应，逐步氧化并分次地释放出能量。这种产生能量的方式，可以使能量得到最充分的利用，而不致使有机体体温上升到损坏机体。生物是通过有机物质的氧化来取得能量，产生的能量通常先储存在一些特殊的高能化合物中，主要是 ATP，再通过 ATP 供给机体的需能反应，以维持生物的生存。

呼吸作用的分解代谢途径是复杂而各不相同的。含碳水化合物的氧化代谢的产物是单糖（葡萄糖、果糖、甘露糖、核糖等），其中大部分进入糖解过程或酵解过程的无氧降解产物丙酮酸，后变成乙酰辅酶 A。这些降解产物进入三羧酸循环中进行有氧的氧化过程，最终产生二氧化碳和水。三羧酸循环（以及脂肪酸循环及与 NAD 或黄素相联系的酶系）产生电子，电子通过一系列氧化还原物质传递到分子氧，这一电子传递过程被称为呼吸链或线粒体电子转移系统。在这过程中产生的能都被利用来合成高能化合物 ATP，即形成高能磷酸键。ATP 的能是供给各种生理功能。

脂肪由脂肪酸及甘油组成，甘油在甘油激酶的催化作用下，在有 ATP 存在时，被改变为 $\alpha-$ 甘油磷酸酯，再在 $\alpha-$ 磷酸甘油去氢酶的作用下改变为二羟基丙酮磷酸酯，这一产物就可以进入糖解过程中，然后由此进入三羧酸循环中。而脂肪酸一般经过氧化作用，变成乙酰辅酶 A，进入三羧酸循环中。

蛋白质是由氨基酸组成的，蛋白质分解代谢最终产物（一般通过水解）就是它所组成的氨基酸，这些氨基酸通过脱氨作用或转氨作用变成丙酮酸，再变为乙酰辅酶或直入三羧酸循环进行最后的氧化。

三羧酸循环（TCA Cycle）是十分重要的，因为呼吸链是有机物质（蛋白质、脂肪及糖类）的代谢产物的共同氧化途径的最终产物二氧化碳和水。

与毒理有关的酶

三羧酸循环的每一步都是由特殊的酶所催化的。与毒理有关的酶有：①从柠檬酸由乌头酸酶催化形成乌头酸，转而再形成异柠檬酸的过程。②由琥珀酰辅酶 A 形成 $\alpha-$ 酮戊二酸的 $\alpha-$ 酮戊二酸去氢酶。与毒剂有关的呼吸链或电子转移系统，在三羧酸循环中，在某些环节，产生了电子转移系统或呼吸链。

（2）常见呼吸毒剂的作用机制

1）二氢硫辛酰胺转乙酰酶的抑制剂　在线粒体内，丙酮酸转化为乙酰辅酶 A 的过程，需要有丙酮酸脱氢酶、二氢硫胺转乙酰酶和二氢硫胺脱氢酶的参加才能完成。

丙酮酸进行酰化反应而形成的乙酸以供应三羧酸循环之用，而"三羧酸循环"不仅是糖类有氧化代谢的一个重要途径，同时也是糖类、脂肪和蛋白质在生物体内相互转化的一个重要机制。

含砷杀虫剂药剂在水中可形成有毒的无机砷离子，砷酸盐可还原为亚砷酸而具生物活性，它们在生物体内可以互变，即砷酸盐或亚砷酸盐在生物体内有同等毒性，它们能抑制甘油磷酸去氢酶，由于酶被抑制，由 3–磷酸甘油醛到 1，3–二磷酸甘油酯的环节被阻断，由 1，3–二磷酸甘油酯到 3–磷酸甘油酯的过程也被阻断，后一过程是与 ADP–ATP 的形成有关，因而高能键的磷化物就不能合成或减少了。

亚砷酸盐对昆虫体内的主要作用是干扰"氧代酸"中的氧化作用，一般认为水溶性的亚砷酸能与二氢硫辛酸胺转乙酰酶的硫辛酰胺的硫醇（R–SH）部分相结合而受抑制。用 50 摩/升亚砷酸盐可以抑制蜜蜂的线粒体中 α–酮戊二酸去氢酶 38%，100 摩/升抑制 65%，这个酶的抑制使酮戊二酸积累，而酮戊二酸的积累除了使三羧酸循环受到影响外，还可造成其他代谢方面的混乱（主要是由于影响氨基酸的相互转化而引起）。

三价砷酸盐化合物不能与任何具有生物活性作用的基因相互作用，仅可以与硫赶基团化合物起作用，能与二硫赶（如二巯基丙醇）相结合，而不能与仅有单硫赶的谷胱甘肽相结合。砷剂中毒昆虫征象与神经毒剂不同，它是靠逐步增加非活性作用而引起死亡的，无抽搐现象。

2）对于呼吸链起作用的呼吸毒剂　呼吸链同三羧酸循环同样重要，

因为它是所有有机物质的共同呼吸过程。

在糖解和三羧酸循环的多个过程中，NAD^+ 辅因子还原为 NADH，琥珀酸盐（或酯）脱氢酶与黄素朊（FAD）相结合也还原为 $FADH_2$，这两个辅因子通过呼吸链携带电子传送而构成氧化—还原反应，中子最终传送到氧，将氧还原为水。对于呼吸链毒剂可以根据作用部位分为 4 类：①在 NAD^+ 与辅酶 Q 之间起作用的抑制剂。②对于琥珀酸氧化的抑制。③ Cyt b 及 Cyt c 之间起作用的抑制剂。④细胞色素 C 氧化酶的抑制剂。

在杀虫剂中，最著名的鱼藤酮及杀粉蝶素 A（一种有杀虫作用的抗生素），鱼藤酮对在 NAD^+ 与辅酶 Q 之间的抑制作用研究得最详尽。

鱼藤酮是一种代谢抑制剂和神经毒剂，它的作用与一般神经毒剂不同，它具有压抑作用，麻痹、拒食以致饥饿而死。中毒昆虫的症状通常是活动迟滞、拒食，击倒，麻痹，缓慢死亡，尤其是影响呼吸和心脏跳动而造成死亡，从鱼藤酮对于神经传导及肌肉收缩所引起的征象来看，鱼藤酮主要效应是抑制 L- 谷氨酸的氧化作用，L- 谷氨酸氧化的抑制水平与杀虫药剂的毒性有关，与神经传导的阻断也有关。昆虫脑及神经中，谷氨酸氧化的抑制一定也有重要影响，可能是造成神经传导的阻断，最后导致麻痹。鱼藤酮对呼吸的影响是在呼吸链中的第一部位上。

放线菌素 A，同鱼藤酮一样，也抑制了 α- 酮戊二酸及 L- 谷氨酸的氧化，但是有一点不同，它也抑制 α- 甘油磷酸酯及琥珀酸的氧化。因此，它对于 NAD 相联的呼吸酶系以及与 NAD 不相联的呼吸酶系都同样有抑制作用，在 Cyt b 与 Cyt c 之间也能抑制呼吸。杀粉蝶素 A 与 B，是从一种真菌中分离出来的一种抗生素，对昆虫及螨类有毒杀作用。杀粉蝶素有两个作用部位：一个是与鱼藤酮相似的，在 NAD 与辅酶 Q 之间，一个是直接抑制辅酶 Q，但前者更为重要。

氰氢酸（HCN）是神经细胞色素 C 氧化酶强烈抑制剂。磷化氢（PH_3）是用于防治粮仓害虫的良好药剂，对人和昆虫有剧毒，仅在有氧下才能发挥毒性，对细胞色素 C 氧化酶有竞争性抑制作用。

3. 作用于核酸代谢和核酸生成的农药——化学不育剂

（1）化学不育剂的作用及功能　昆虫不育性药剂是影响昆虫生殖系统的杀虫剂。自 1955 年利用辐射造成不育雄虫及用释放不育雄虫来防治羊皮螺旋蝇获得成功后，推动了应用化学不育剂和遗传不育方法来消灭害虫的工作，成为害虫化学防治新途径之一。一般杀虫剂对于昆虫生殖力也有一定影响，例如用氟胺氰菊酯处理蜂群，可以引起蜂王产卵力下降等。

（2）常见化学不育剂的作用机制

1）核酸代谢剂类型的不育剂及其作用机制

a. 叶酸的取代物（辅酶 F 的抑制剂）　如氨基蝶呤、甲基氨基蝶呤，因为它们的结构与叶酸十分相似，是辅酶形成过程叶酸还原过程中的竞争性抑制剂。它们替代了叶酸，使其不能还原成四氢叶酸。

b. 不正常的氨基酸　主要为 L- 谷酰胺的取代物，如 L- 氮杂丝氨酸等。因为，它们是嘌呤及嘧啶的先成体，其中特别是谷酰胺十分重要，它是—NH_2 基的供体。因此，凡是影响到甘酰胺这一功能的都能影响到核酸代谢。

c. 取代嘌呤及取代嘧啶　如 6–MP 等化合物对于细胞生长有强烈的抑制作用。

d. 其他　如氨基甲酸乙酯等。

2）烷化剂的不育剂及其作用机制　目前，主要用于不育剂的种类有 β–氯乙基衍生物（氮芥类化合物）、氮丙烷类化合物、环氧化物类以及甲烷磺酸盐类等。烷化剂不育作用的机制是由 H—X → R—X 的转变，而 R 是一个烷基。在多数生物学的烷化作用中，R 常是通过 O、N 或 S 而连接到 X 上的。

烷化剂的生物活性与它们的化学反应速率成正比。例如，水解率（各种芳基的氮芥化合物的水解率与生物活性成正比），或与某些化合物的反应速率（如各种环氧化物的烷化活性与它们对硫代硫酸离子的反应速率成正比）。在生物学中发生的烷化作用基本上就是两类亲核取代反应：一级亲核取代（SN–1）和二级亲核取代（SN–2）。例如，带有芳基的氮芥属于 SN–1 型，甲烷磺酸盐属于 SN–2 型，其他的一些烷化剂可能同时具有 SN–1 及 SN–2 的反应，取决于 pH 及反应剂浓度等。

（四）中毒症状与诊断

农药中毒的主要是外勤蜂，有一些在还未飞回蜂箱时，就已中毒死亡，一些蜂在飞回后表现出中毒症状。成年蜂中毒后，变得爱蜇人；蜂群很凶。大批成年蜂出现肢体麻痹、打转、爬行，无法飞翔。死蜂多呈伸吻、张翅、勾腹状，有些死蜂还携带有花粉团；严重时，短时间内在蜂箱前或蜂箱内可见大量的死蜂，并且全场蜂群都如此，群势越强的死亡越多。有时幼虫也会因中毒而剧烈抽搐跳出巢房，再根据对花期的特点和种植管理方式的了解，就可判断是农药中毒。

当成年蜂中毒较轻而将受农药污染的食物带回蜂巢内时，巢内的幼虫可能会中毒。中毒的幼虫可能在发育的不同时期死亡。即使有一些羽化、出房的成年蜂也是残翅或无翅的，体重变轻。不同的农药，引起成年蜂中毒的症状差别不大，很难从死蜂的状态来推断中毒农药的类别。

（五）预防措施

一旦蜜蜂发生农药中毒，蜜蜂的损失很难挽回，因此要尽量避免发生农药中毒现象，做好预防工作是非常重要的。

第一，要制定相关的法规来保护蜜蜂的授粉采集行为，大力宣传蜜蜂授粉知识。

第二，养蜂者和种植者密切合作，协调好双方关系，使杀虫与授粉采集两不误。

第三，尽量做到花期不喷药或在花前花后喷药。若必须在花期喷药的，尽量在清晨或傍晚喷施，以减少对蜜蜂直接的毒杀作用。

第四，尽量选用对蜜蜂低毒和残效期短的农药。

第五，在不影响药效和损害农作物的前提下，在农药中添加适量驱避剂，如杂酚油、石炭酸、苯甲醛等，可减少蜜蜂采集。

第六，有地面喷药时，风速超过3米/秒，蜂群的隔离距离要在5米以上。

第七，若花期大面积喷施对蜜蜂高毒的农药，应及时搬走蜂群。蜂群一时无法搬走，就必须关上巢门，并进行遮盖幽闭，幽闭期间，注意通风降温，保持蜂群黑暗，最长不超过3天。

（六）急救措施

第一，若只是外勤蜂中毒，及时撤离施药区即可。若有幼虫中毒现象，则须摇出受污染的饲料，清洗受污染的巢脾。

第二，给中毒的蜂群饲喂 1∶1 的糖浆或甘草糖浆。对确知为有机磷农药中毒的蜂群，用 0.05% ~ 0.1% 的硫酸阿托品或 0.1% ~ 0.2% 的解磷定溶液喷脾解毒。

专题五
蜜蜂检疫

　　我国幅员辽阔，蜜粉源植物丰富，为养蜂生产提供了宝贵的自然资源。近年来，伴随着我国养蜂业快速发展的态势，蜜蜂检疫也逐渐彰显其重要性。蜂群的转地放养和在市场经济中的商业活动（如种蜂的进出口，蜂产品的销售等）日益频繁，因而一些传染性蜂病也随之传播蔓延，成为养蜂业发展的重要障碍。为保障养蜂业的健康发展，对流通的蜜蜂及其产品进行检疫，可以防止疫病的传入或传出，既保护了广大蜂农的利益，又可促进养蜂业的健康发展。

一、蜜蜂检疫的意义及作用

蜜蜂检疫是动物检疫的一部分，是根据国家或地方政府规定要控制的蜜蜂疫病，对蜜蜂及其产品的移动加以限制的一种措施。检疫的目的是为了预防和消灭蜜蜂传染病，防止危险性病虫害的扩大蔓延，对保障养蜂业的健康发展有重要意义。随着商品经济的日益发展，蜂群及其产品流动性的加大，蜜蜂疫病传播的机会增多，对流通的蜜蜂及其产品进行检疫，可以防止疫病的传入或传出，既保护了广大蜂农的利益，又可促进养蜂业的健康发展。

由于多种蜜蜂病虫害能够引起严重的经济损失，不注重蜜蜂检疫工作往往会带来严重的不良后果。如20世纪50年代末的螨害流行，20世纪70年代末的中蜂囊状幼虫病，以至20世纪90年代的爬蜂病、白垩病等，都曾从小范围迅速蔓延全国，造成的经济损失难以计数，教训深刻而惨痛。因此为维护我国养蜂业的利益、信誉和形象，促进蜂业贸易和经济交流，进行蜜蜂检疫是非常必要的，为了做好检疫工作，一方面检疫机关要严格执法，另一方面受检人员应主动配合。

二、检疫的种类

我国动物检疫从总体上分为外检和内检，各自又包括若干种检疫形式。

分别介绍如下：

1. 外检

对出入国境的动物及其产品进行的检疫叫国境检疫，又叫进出境检疫或口岸检疫，简称外检。蜜蜂外检的目的是为了保护国内的蜜蜂不受外来蜜蜂疫病的侵袭和防止国内蜜蜂疫病的传出。我国在海、陆、空各口岸设立了动植物检疫机关，代表国家执行检疫，既不允许外国蜜蜂疫病的传入，也不允许国内蜜蜂疫病的传出。外检又分为：进出境检疫、过境检疫、携带和邮寄物检疫、运输工具的检疫等。只有在受检蜜蜂及其产品不带有检疫对象时，方准许进入或输出。当受检蜜蜂及其产品带有检疫对象时，做退回或销毁处理，对来自疫区的蜜蜂及其产品不论带菌与否，一律禁止入境，予以退回或销毁。

2. 内检

对国内动物及其产品进行的检疫叫国内检疫，简称内检。蜜蜂的国内检疫主要是对转地蜂群、邮寄或托运的蜜蜂及蜂产品等进行检疫。蜜蜂内检的目的是为了保护各省、市、自治区的蜜蜂不受邻近地区蜜蜂疫病的传染，防止蜜蜂疫病的扩散蔓延。内检包括产地检疫、运输检疫等。蜜蜂的产地检疫是指在蜜蜂饲养地进行的检疫，是蜜蜂检疫最基层的环节，因此做好产地检疫是直接控制蜜蜂疫病扩散的一种好方法。蜜蜂的运输检疫是指蜜蜂在起运之前的检疫，若受检人持有有效的检疫证明则可免检。

三、检疫对象

　　检疫对象是指检疫政府规定的动物疫病。这些疫病往往传染性强，危害性较大，一旦传出或传入都可能造成较大的经济损失，因此，国家制定了相应的法令法规，并由农业部的相关部门或其委托部门来强制执行。蜜蜂病虫害种类较多，但只有一小部分的疫病为检疫对象。检疫对象的确立，主要考察两方面的因素：第一，危害性大而目前防治有困难或耗费财力的蜜蜂疫病，如美幼病、白垩病，蜂螨；第二，国内尚未发生或已消灭的蜜蜂疫病，如壁虱病、蜂虱病为国内尚未发生的蜜蜂病害。

　　外检的检疫对象名单由农业部制定，我国先后曾公布过5次蜜蜂检疫对象名单，1992年6月农业部公布的《进口动物检疫对象名单》中蜜蜂检疫对象为：美洲幼虫腐臭病、欧洲幼虫腐臭病、壁虱病、瓦螨病、蜜蜂微孢子虫病。依照农业部1992年发布的《家畜家禽防疫条例》及其实施细则的规定，蜜蜂的国内检疫对象可由各省、自治区、直辖市根据当地实际情况，自行规定。亦可参照外检对象名单进行检疫。根据目前蜜蜂疫病的情况，蜜蜂的检疫对象，主要宜检美洲幼虫腐臭病、欧洲幼虫腐臭病、蜂螨、囊状幼虫病、白垩病、孢子虫病、爬蜂病。

　　随地域、年份的不同，疫情也会有变化，因而各省市的检疫对象不是一成不变的，各地的农牧主管部门可根据当时当地的情况制定合理的检疫对象。

四、抽样方法

对数量不多的蜂群、引种蜂王、蜂产品应进行逐箱逐件检疫；但对于数量太大而无法做到逐件检疫的情况下，可采取抽样检疫的办法。抽样的比例和方法要求尽量客观、具代表性。一般来说，100件（群）以下不低于15%，101～200件（群）不低于12%，201～300件（群）不低于10%。引进的种用蜂在100件以内要逐件检疫。

五、检疫方法

检疫的方法、手段要求尽可能灵敏、准确、简易、快速，应尽量避免误检和漏检。蜜蜂检疫的方法主要有临场检疫、实验室检疫。

（一）临场检疫

临场检疫是指能够在现场进行并得到一般检查结果的检疫方法，通常以蜜蜂流行病学调查和临诊检查为主。这是基层检疫工作中最常用的方法，具体内容为：

1. 调查当前蜜蜂疫病流行情况

包括病害种类，发病时间、地点、数量等。

2. 临诊检疫

对待检的所有蜂群进行箱外观察，从中把可疑有病的蜂群挑选出来，进一步进行箱内检查。临诊检疫可以经过箱外观察后，进一步进行箱内观察和实验室检查以确诊。临诊检疫主要是看看箱内外有无异常的拖弃物，蜜蜂是否有行为、形态等方面的异常，巢脾上的幼虫是否有病态表现，幼虫或成年蜂身上是否携带寄生物，以此对蜂群的健康状况做出初步判断。

（1）白垩病　箱外如果有白色、黑色或黑白杂色的虫尸，提脾可见到巢房中有死亡虫尸，且虫尸体表长有白色或黑色短绒状菌丝，则可明确判断有白垩病的发生。

（2）囊状幼虫病　提脾观察，若巢脾上有成簇的开了房盖的前蛹期幼虫（呈尖头状），幼虫头部表皮内有液化现象，用镊子小心地将幼虫提出时呈现囊状，则可判断是囊状幼虫病。

（3）欧洲幼虫腐臭病　提幼虫脾观察，若脾上有典型虫、卵、蛹空房相间的"花子"，病虫主要是 2～4 日龄，甚至虫体组织化解并发出酸臭味，则可初步判断为欧洲幼虫腐臭病。

（4）美洲幼虫腐臭病　提幼虫脾，脾上呈现"花子"，封盖子房盖下陷、润湿，颜色变暗，有的有孔洞，临近封盖或已封盖的大幼虫有明显变色，甚至呈咖啡色。用小杆接触死虫易拉出细丝。死虫发出腥臭味。有上述现象则可判断为美洲幼虫腐臭病。

（5）孢子虫　巢门口处可能有排泄物污染的痕迹，成年蜂的腹部膨大，腹末端颜色发暗。从腹末端轻轻拉出它们的消化道，观察中肠是否发生病变。若中肠暗灰色，环纹不清，且膨胀松软，容易破裂，则可基本断定蜜蜂为孢子虫寄生。

（6）大蜂螨　观察箱外是否有残翅的幼蜂爬行，提脾观察成年蜂体上是否有棕褐色的直径 1 毫米的横椭圆形体外寄生物。随机挑开 20～30 个雄蜂或工蜂封盖房可见一些蜂蛹体上有大蜂螨寄生。

（7）小蜂螨　观察箱外是否有残翅的幼蜂爬行，注意观察巢脾上是否有小蜂螨在巢房间迅速爬动；一些封盖房上出现小孔，挑出虫蛹可见体上有小螨寄生，严重时出现封盖子腐烂，有腐臭味。

（8）蜂虱　注意观察有无骚动不安的成年蜂，认真观察它们的头部、胸部背面绒毛处有无红褐色并着生稠密绒毛的体外寄生物，具有 3 对足但无翅的蝇类成虫。抽取将要封盖的蜜脾，仔细观察半封盖蜜房盖下或巢房壁上，有无虫子咬的细小隧道，有无乳白色的卵和幼虫。若有则初步判断有蜂虱寄生。蜂虱在国内尚无发生，为对外检疫对象。

（9）壁虱病　成年蜂体衰弱，失去飞翔能力，前后翅错位，翅呈"K"形，初步断定为壁虱病。我国尚未发生壁虱病，为外检对象。

（二）实验室检疫

实验室检疫是采用实验室手段确定检查结果的检疫方法，要依据病原物特征做微生物学、病理学、免疫学等方面的检查，它是检疫工作中确定检疫对象的主要方法。除了白垩病、美洲幼虫腐臭病具有典型症状或已经直接找到病原物或寄生物可以确诊外，欧洲幼虫腐臭病、孢子虫病、壁虱病、蜂虱病等还必须在现场检查它们症状的基础上，取回可疑材料，进一步进行实验室检验。

1. 欧洲幼虫腐臭病

挑取 2 ~ 4 日龄的病死幼虫，制片镜检，若发现略呈披针形的蜂房链球菌，有时还有杆菌、芽孢杆菌时，即可初步确定为欧洲幼虫腐臭病。为进一步确定病原，可做实验室培养：在普通马铃薯琼脂平板和酵母浸膏琼脂平板上，蜂房球菌和蜂房芽孢杆菌均生长良好。置32～35℃恒温培养24～36小时后，蜂房芽孢杆菌在酵母浸膏琼脂平板上菌落低平而有光泽，直径1～1.5毫米蜂房球菌在马铃薯琼脂平板上生长，菌落淡黄色，边缘光滑，直径0.5～1.5毫米蜂房芽孢杆菌能液化明胶，分解蛋白胨产生腐烂气味，能利用葡萄糖、麦芽糖、糊精和甘油产酸产气，不发酵乳糖。

2. 美洲幼虫腐臭病

可从封盖子脾上挑取病虫涂片，加热固定，然后加数滴孔雀绿于涂片上，再加热至沸腾，维持3分后水洗。加番红花水溶液染色30秒，水洗后吸干镜检。在1 000～1 500倍的显微镜下进行检查，若发现有大量呈游离状态的芽孢（芽孢呈绿色，营养体染为红色）存在，即可初步确定是美洲幼虫病。

为进一步确定病原，可做实验室培养：从可疑为患美洲幼虫腐臭病的蜂群病脾上挑取病幼虫5～10只，经镜检发现有大量芽孢后，即可将死幼虫置研钵中研磨，加无菌水稀释，制成细菌悬液，在80℃水浴中保温30分，以杀死营养细胞，然后接种到胡萝卜培养基（马铃薯培养基或酵母浸膏培养基）上，置30～32℃培养24小时。再将待定菌株分别移至胡萝卜培养基斜面和牛肉汤培养基斜面上培养。若在胡萝卜培养基斜面上生长良好而在牛肉汤培养基斜面上不能生长或生长很差，则可确定为美洲幼虫腐臭病病原菌。

3. 蜂虱

可将蜂虱用乙醇杀死，在解剖镜下观察，如果确证了其形态、色泽、大小等与现场观察无异，并于蜜房封盖下穿成隧道典型症状，即可确定为蜂虱。

4. 蜜蜂孢子虫病

可从蜂群中取病蜂 2 ~ 3 只，用镊子或两手指捏住蜜蜂尾部，连同螫针，轻轻地拉出其消化道，然后取一载玻片，于其中央加一滴灭菌水，再以解剖剪剪下一小块中肠壁，在水滴中轻轻捣碎，盖上盖片，放在 400 ~ 600 倍显微镜下镜检。如发现有大量大小一致的椭圆形孢子，即可确定为孢子虫。如需进一步确诊，可根据孢子虫在酸性溶液里溶解消失的特性，用 10% 盐酸滴加在涂片上（从盖玻片边缘滴入），放置温箱 30℃ 保温 10 分，再进行镜检，若是蜜蜂孢子虫，则大部分溶解消失，而酵母菌及真菌孢子仍然存在。对蜂王的检疫，可采集蜂王的排泄物涂片镜检。

5. 壁虱病

可从蜂群中取病蜂，进行解剖后镜检，操作方法：用左手捏住双翅，右手持解剖剪紧靠第一对胸足基部的后方和头部上方将其与头部一起剪掉，然后腹部朝上，用昆虫针固定在蜡盘上。在解剖镜下，用尖的小镊子将切口处残余的前胸背板（如衣领似的围在切口处）顺时针方向撕掉，细心观察，可见胸腔内一对"人"字形的气管干。注意观察紧贴体表处的胸部气管有无异常变化，正常气管为白色，透明，富有弹性，若发现前胸气管内出现褐色斑点或更深，或看到任何发育阶段的壁虱，即可确定为壁虱病。

6. 大小蜂螨

可取 1 ~ 2 只可疑蜂螨，用乙醇杀死，置于解剖镜下观察，大蜂螨棕褐色，横椭圆形，长 1. 01 ~ 1. 05 毫米，宽 1. 45 ~ 1. 75 毫米；小蜂螨呈卵圆形，长 0.98 ~ 1.05 毫米，宽 0.54 ~ 0.59 毫米，棕黄色。

（三）隔离检疫

隔离检疫是将蜜蜂隔离在相对孤立的场所进行的检疫。在进出境检疫、运输前后及过程中发现有或可疑有传染病时的检疫，或为建立健康群体时所采取的检疫方式，一般隔离时间为30天,隔离期间,须经常性地临诊检查,并做好管理记录,一旦发现异常,立即采样送检。隔离期满,经检疫合格,凭检疫放行通知单可运出隔离场。不合格的按规定做退回或销毁处理。

■ 主要参考文献

[1] 陈盛禄 . 中国蜜蜂学 [M]. 北京：中国农业出版社，2001.

[2] 吴杰 . 蜜蜂学 [M]. 北京：中国农业出版社，2012.

[3] 冯峰 . 蜜蜂病虫害防治 [M]. 北京：金盾出版社 , 2010.

[4] 梁勤，陈大富 . 蜜蜂病害与敌害防治 [M]. 北京：金盾出版社，2008.

[5]LAIDIAW H. H. The hive and the honey bee[M]. Illinois: M&W Graphics, Inc., 1993.